金身强　著

物／干窑
窑业精品鉴赏

窑火凝珍

刘耿
董晓晔　主编

社会科学文献出版社
SOCIAL SCIENCES ACADEMIC PRESS (CHINA)

序一
让历史"活"起来的干窑

　　嘉善县干窑镇历史上以窑业闻名于世。干窑烧制的砖、瓦、器始于唐宋，胜于明清，方志称其为千窑之镇。物以民用为主，不若专制贡物的官窑盛名。但正是这种拥有更广泛用户群的商业模式，使干窑获得更持久的生命力。尽管时代在变换，但民间还是那个民间。拥有300余年历史的古窑今日仍然在维系它的工艺、生产，为江南的青山秀水间平添了灯火阑珊。

　　我们通常所见遗迹，是失去了活态生命力的标本，在现代修缮技术的加持下，它静静地诉说着当年栩栩如生、活灵活现的历史故事，在某种意义上，它已切断与历史的活态生命联系。干窑的可贵之处就在于它仍然是具有生命力的古建筑材料生产的活态遗产。这里既是历史遗迹，也是历史现场，更是为中国传统建筑传承、发展承担生产传统材料的非物质文化遗产大作坊。窑工们说着祖祖辈辈的方言，延续着祖传的技艺，码放着与历史一色的砖瓦，于一砖一瓦中传承一丝不苟、精益求精的工匠精神，一切宛若昨日。

　　干窑为什么还在生产呢？原因有二：一是，窑包若停止生产则易因保护不到位而发生塌陷，不间断地生产是保住窑包的最好方式。这像不像是古人智慧的程序设定？以此保证后人技不离手，代代相传。二是，现在各地的古建修缮保护需要这种传统砖瓦构件，这是我们保护传统建筑工艺材料真实性的必备条件。通过改变传统工艺生产甚至 3D 打印或许也能做个样子出来，但总是缺少历史的韵味，改变了古建筑材料的历史信息真实性。供应链安全是当前经济领域的一个热门话题，其实，干窑这样的供应链在古建筑保护领域更稀缺，尤其是在全国保护传统古建筑、留住乡愁的时代背景下。

所以，干窑是能够使历史"活"起来的一个重要节点。经由干窑，我们不仅可以看见历史，更能到达历史。

我们很欣喜地看到，今日干窑镇围绕着"活"字做了很多文章，使干窑的历史不仅"活"下来，而且"活"得更出彩。编撰出版这套干窑窑文化系列丛书就是重要的手段之一。该丛书共分 7 册，可以说从眼、耳、鼻、舌、身、意"六识"全方位展示了一个立体的干窑，将干窑的"活"字从各路灌输到人的心田。干窑是什么样，读了就知道了。即使没去过干窑的，也愿意跑一趟看看。

干窑镇的做法至少给我们四点启示。

其一，想办法建立起遗迹的古今连接，使遗迹"活"起来，这是遗迹保护的好方法。我们往往对"保护"有一种误区，认为尽量少动少碰甚至隔绝就是"保护"。殊不知我们保护的不仅仅是遗迹的物质本体，更要保护其蕴含的文脉，文脉得在活体之中传承。有效利用是文物保护重要传承方针的体现。

其二，许多地方宁愿依附或硬套与自己相去甚远的"大"历史，即历史名人、家喻户晓的历史事件而忽略"小"历史，一味求大是当今的一股风气。挖掘身边细小但真实的历史更有价值，通过发现、挖掘、推广使不知名的历史变知名，甚至成为一门"显学"，这像原发科技一样重要。

其三，保护手段要创新，要多样化。干窑的动态和静态保护展示要合理安排，既要注重"硬件"，也要注重研究、出版、传播等"软件"，正如窑包不烧加上保护不到位就会倒塌一样，硬件系统也需要"气"的支撑，"气"指的是看不见的软件。

其四，干窑的生产要处理好与环境保护的关系，要有新思路、新方法、新技术，在不改变传统工艺和基本形制的前提下，让干窑镇成为传承生产古建筑材料的非遗亮点。

干窑镇的窑文化遗迹保护与开发，为我们树立了一个非著名遗迹保护与开发的范式，它从遗迹本身特点出发，抓住"活"字这个关键的着力点，运用多样化的保护、开发、传播手段，产生了非常好的社会效益和经济效益。

中国文化遗产研究院原总工程师

中国文物保护基金会罗哲文基金管理委员会主任

序二
历史"长尾"上的干窑

（一）

历史遗迹的发掘和运营，是一门注意力经济。人们更关注著名人物、著名事件的遗存，如果遗存本身自带精品属性或恢宏叙事的气质，就更好了。人们只关注重要的人或重要的事，如果用正态分布曲线来描绘，人们只能关注曲线的"头部"，而忽略了处于曲线"尾部"、需要花费更多的精力和成本才能注意到的大多数人或事。浙江省嘉善县干窑镇的窑文化遗迹就处于这样的曲线"长尾"，具有以下特点。

一是"小"。干窑镇位于长江三角洲环太湖区域，这一区域土质细腻、黏合力强，适宜砖瓦烧制。从史前文化的烧结砖、秦砖汉瓦、明清时期专业的窑业市镇，到近代开埠后在大上海建设中的大放异彩，干窑砖瓦窑业正是环太湖区域窑业历史文化的典型代表。在长三角的窑业史上，干窑镇与陆慕镇、天凝镇等共同组成了一串璀璨的珍珠链。

二是"低"。对瓦当的研究与收藏，早在金石学较为发达的北宋时代就开始了，此后的南宋及元明都有记载，清代乾嘉学派将瓦当的研究推向高峰。当时，文人士大夫间收藏与研究瓦当甚为流行，从清末到民国，在一代又一代的瓦当研究与爱好者的努力下，瓦当走进了寻常百姓家，成为大众喜爱的装饰品和收藏品。但与精品文物相比，傻、大、粗、黑的建筑构件的收藏价值一直较低。"低"也意味着升值空间大，关键是挖掘出窑文化的价值并加以发扬光大。

三是"活"。有着300多年历史的沈家"和合窑"，是一座承载着旧时代烧窑技艺辉煌的"活遗迹"，为中国各地的文物修复、仿古遗迹等烧制砖瓦。生活在当下的掌握着古老技艺的窑工们，也有一种富有生命力的历史感。也要感谢计算机记录和存储功能这么强大的今天，每一个人都可以在历史上留下一笔。以往历史只讲述"人类群星闪耀时"，只有极个别的人物或极幸运的人物能够被载入史册。这批窑工的前辈们，偶尔也会将自己的姓名刻制在某块砖上，这是产品责任制的一种表现，但也只是留下一个名字而已，再无其他史籍参照与其产生更多的关联。为此，我们希望能细描这一段历史的"长尾"。

（二）

干窑窑业历史悠久，辖内发现唐代瓦当后，干窑窑业被初步判定起始于唐代。又据在干窑长生村宋代大圣寺遗址出土的"景定元年"铭文砖，最迟于宋代干窑就已开始烧制砖。

明代苏州秦氏迁入干家窑，并将京砖烧制技艺传入江泾，吕氏、陆氏开始生产"明富京砖"。从干窑出土的明代嘉善城砖以及清顺治年间干家窑产砖运往杭州建造满城（在杭州）可见，明末清初干窑烧砖技艺已趋成熟。清代中期，干窑已成为嘉善县的窑业中心，被称为"千窑之镇"，县志记载："宋前造窑，南出张汇，北出千窑"。位于干窑镇的古砖瓦窑沈家窑，以烧制"敲之有声，断之无孔"的京砖闻名。传说乾隆皇帝下江南时，误将"千窑"念"干窑"，"干窑"由此得名。至今仍在烧窑的沈家窑、和合窑已成为省级文物保护单位。

干窑也是江南窑文化的发源地和传承地。干窑的砖窑文化不仅包括窑业特有的生产技艺，如砖窑建筑技艺、瓦当生产技艺、京砖生产技艺等，还包括瓦当砖雕文化、窑乡民间故事传说、窑工生活习俗等。干窑的"窑文化"是文化百花园中的一朵奇葩，形成了江南水乡独具特色的砖瓦窑业文化。干窑文化不止于窑墩林立、砖瓦世界，而是多姿多彩、鲜活生动，每年农历正月有"马灯舞"表演，走亲访友常提杭、嘉、湖地区特有的工艺食品"人物云片糕"，还有与景德镇瓷器、北京景泰蓝并列为"中华三宝"的干窑脱胎漆器，以天然大漆和夏布为材料，经裹布、上漆、上灰、打磨、髹饰、推光等数百道工序纯手工制作，一件小型成品就得历经一年半载。

窑文化实质上是干窑镇、嘉善县乃至嘉兴市最有特色的民间文化之一，既是十分珍贵的物质文化遗产，又是特色鲜明的非物质文化遗产，干窑镇党委、政府正在进一步挖掘窑文化，做好窑文化文章，为长三角一体化提供深厚的历史底蕴和宝贵的文化财富，着力建设窑文化展陈馆、窑文化非遗体验点、修复废弃窑墩遗址，打造"窑文化"旅游品牌，推动窑文化的保护与传承。

编撰以窑文化为主题的书籍也是挖掘和保护窑文化的重要手段。干窑窑文化系列《窑火凝珍》正是在这样的大背景下，以"窑文化"学术研究、传承传播为主旨，邀请老窑工、民间爱好瓦当收集名家、高校学者和文化部门的有关专家学者等，回忆、讲述、挖掘、整理有关窑文化的历史、故事，并通过文字、摄影、摄像记录下有关京砖、瓦当的传统生产技艺，以图文并茂的方式全方位展示窑文化。

（三）

干窑窑文化系列共分七册，各册简介如下。

册一·影：《镜头里的干窑》是关于干窑窑文化的影像志。本书选取由著名摄影师拍摄的干窑照片（历史照片＋定制拍摄），勾勒干窑影像自身嬗变和行进的历史，也试图从感性的角度回溯干窑人与窑文化之间的深刻情缘。影像记录对象包括窑墩建筑、小镇景点／古迹、窑工、镇民生活、非遗展示、生产现场、活动场景等。

册二·史：《嘉善砖瓦窑业历史文化的传承》是关于干窑窑业与窑文化的简史。按照年代时序，内容上强调每个时间段干窑砖瓦对外影响和时代地位。时间断限由上古至今日。

册三·工：《干窑砖瓦烧制技艺》主要反映古代、近现代干窑砖瓦烧制的过程，以列入浙江省非物质文化遗产名录的"嘉善京砖"生产技艺及列入市级非物质文化遗产代表名录的"干窑瓦当"生产技艺为重点。干窑窑业制品品种丰富，以砖瓦烧制驰名。对民国后机制平瓦诞生及生产技艺等进行介绍。

册四·物:《干窑窑业精品鉴赏》注重对窑业制品的重要社会功能及其艺术价值进行挖掘，尤其对古代干窑生产的铭文砖文化、瓦当文化进行解读，凸显干窑窑业精品独特的艺术地位。干窑窑业实物分为窑业精品及窑业相关文物两部分。窑业精品反映了古代干窑工匠精神，以工艺精湛、寓意吉祥为主，根据用途，可分为建筑材料和生活用品两大类。干窑窑业相关文物包含在干窑窑业发展过程中保存下来的实物，见证了干窑窑业的兴衰史，通过对相关文物的赏析，以物证史，传承历史，照亮未来。

册五·俗:《瓦当下的俗日子》是干窑窑文化的民俗辑录。窑文化中"俗"的部分，分为砖窑、砖瓦及窑工习俗三个部分。其中窑工习俗围绕衣、食、游、艺及拜师、婚丧、信仰、祭祀等展开。抓住习俗中最具吸引力的部分，在讲述人物或故事的同时，融合民俗资料，古今结合，探寻习俗传承与演化。窑乡的民俗充满了"实用"与"智慧"，那些"规矩很大"的事情，令青年一代感到新鲜的同时心中敬畏油然而生。希望能够用轻松、诙谐又饱含敬意的态度去展现瓦当下的俗日子。

册六·声:《时光碎语：流淌于干窑之间的传说与故事》是关于干窑民间故事传说的民间文学集，可称为窑乡"风雅颂"。窑工是民间传说和故事的天然创作主体、再次创作主体和听众，窑场也为其提供了传播情境。本册辑录了干窑的传统民间故事及新时代创作的作品。

册七·人间：《千窑掬匠心：窑工实录》是关于干窑生活的"纪录片"。现代窑工生活实录、老人对窑乡的记忆、乡土变迁故事等。通过挖掘记录民间的文化记忆，探讨现代乡村（窑乡）的精神底座与物质文明的冲突与互适。希望通过对窑乡相关人物的访谈，寻访到可以留存和传承的文化记忆，记录现代乡村的"人世间"，包括寻访烟火人生·人情故事、寻访火热生活·创业故事、寻访文化遗迹·手艺传承、寻访乡土变迁·乡贤归巢等等。

这七册基本上反映了干窑窑文化从物质到精神的方方面面。

前　言

————————

　　衣食住行，是人类最基本的生活需求，其中也包含着人类的实践活动。从穴居到地面建筑，是人类利用自然、改造自然的能力提升的表现。建筑材料的更新，使这一切成为可能。西周中期，中国古代建筑材料之一——瓦出现了。[1] 砖的出现时间稍晚，战国时期的墓室开始用砖。秦汉两朝的统治者利用国力大兴土木。阿房、未央奢豪空前。此后，砖瓦成为重要的建筑材料，"秦砖汉瓦"也成为专用名词。

　　嘉善的区域建筑物出现，得益于汉末的宗教传入，清光绪《嘉善县志》中提到始建于三国时期的慈云寺，是有历史记载的嘉善最早的区域建筑物。[2] 此后干窑建于唐贞观十三年（639）的大圣寺，魏塘的景德寺、大胜寺等相继出现。在宗教影响下，建筑物雕梁画栋，所用砖瓦也精美异常。2016年干窑黎明村出土唐代莲花纹瓦当，将干窑窑业实物出现时间

———

1　杨力民编著《中国古代瓦当艺术》，上海人民美术出版社，1986，第3页。
2　江峰青纂修：清光绪二十年《嘉善县志》"建置志下·寺观""慈云禅寺"条。

图1 大圣寺遗
址（金身强摄于
2016年）。

从明代提前至唐代。

干窑，位于长三角核心区域嘉善县中部，当地土质细腻、黏合力强，加之河道密布，运输便捷，是历史上著名的窑乡。干窑砖瓦业发端，最晚在宋代，甚至更早。明代万历年间干窑窑业已有相当规模，据明万历《嘉善县志》记载，有窑匠47名，数量居全县之首。[1]

干窑窑业精品是指干窑区域内发现的或反映干窑窑业发展历程的代表性窑产品。

历史上干窑窑业兴盛，发端于宋代。明代中后期，皇帝崇尚艺术，上行下效。文人士大夫不仅在艺术创作中追求文化画的意境，在修建私家园林时也将体现个性的铭文融入建筑用砖瓦。这一时期，铭文砖开始在嘉善出现，也成为干窑

1　章士雅纂修：明万历二十四年《嘉善县志》"食货志·户口""永七区"条。

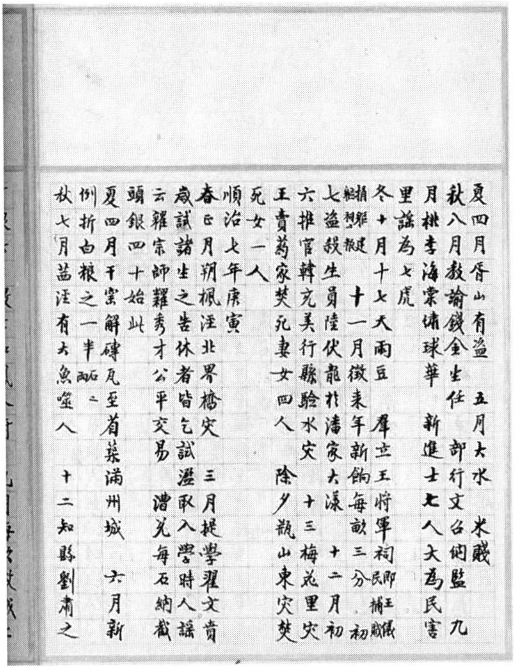
夏四月昏山有盜 五月大水 米戚
秋八月教諭錢金生任 部行文召閲監 九
月桃李海棠繡球華 新進士七人大為民害
里謠為七虎
冬十月十七大雨豆 犀立王將軍祠 民即補王儀賊
捐賑 十一月徵來年新餉每畝三分 初
七盜殺生員陸伏龍於濤家大漾 十二月初
六推官韓充美行縣驗水灾 十三梅花里灾
王貴蕩家焚死妻女四人 除夕觀山東灾焚
死女一人
順治七年庚寅
春正月朔楓涇北界橋灾 三月提學翟文貴
歲試諸生之告休者皆乞試 盡取入學時人謠
云羅宗師羅秀才公平交易 漕兑每石納截
頭銀四十始此
夏四月干窰解磚瓦至省築滿洲城 六月新
例折白粮之一半兩石二
秋七月菡涇有大魚噬人 十二知縣劉肅之

图 2《武塘野史》“顺治七年庚寅夏四月”条，民国孙鸣桐抄本书影（拾遗阁藏）。

窑业独特的文化现象。明代嘉靖年间，干窑参与嘉善城砖的烧制；清初，杭州建满洲城，用的也是干窑烧制的砖瓦。[1]但直至明代晚期，嘉善窑业还是以张泾汇最为著名。明万历《嘉善县志》载：“出张泾汇者曰东窑，出干家窑者曰北窑。东窑土高，窑大火足，故坚完可用；北窑地卑，取土他所，又窑小闷熟者，故脆而易坏。”[2]到了清康熙年间，干窑的窑业发展超越张泾汇。张泾汇屡遭战乱，且水上交通不便，窑业逐渐衰落。而干窑地理位置优越，砖瓦烧制技艺成熟，逐渐替代被称为“东窑”的张泾汇，成为嘉善最大的砖瓦窑区。

1 章士雅纂修：明万历二十四年《嘉善县志》卷五“物产·砖瓦”条。

2 章士雅纂修：明万历二十四年《嘉善县志》卷五“物产·砖瓦”条。

漆器良今漸惡矣出斜塘鎮舊

嘉善縣志《卷五》〔四十六〕

出干家窰者曰比窰東窰土高窰大火足故斝完可用此窰地甲取土他所又窰小悶熟者故脆而易壞

者可為衣粗蒲鞋出西門外乃至鷹鼺者窮民無者可為蚊帳止可供野人之用耳綿紗本不能成布日賣紗數兩以給食故諺有買磚疋出張涇滙不盡松江布妝不盡魏塘紗之語東窰

图3 明万历《嘉善县志》卷五"物产·砖瓦"条关于干家窑的记载书影（金身强提供）。

004

干窑窑业产品丰富。从干窑出土的唐代莲花纹瓦当，胎质细腻、器型规整，可见唐代该区域已有成熟的瓦当产品。明万历年间，已有琉璃匠的记载，故琉璃制品最迟在明万历年间出现。[1]这一时期，"明富京砖"开始在干窑江泾出现，还有各类城砖的烧制。入清以后，干窑采用苏式砖雕技艺，砖雕业发展迅速，成为干窑窑业的又一特色。清代道光年间，嘉善修建城墙，用的是干窑鲍仁兴、戴怀兴等窑户烧制的城砖。鸦片战争以后，上海等沿海城市开埠，砖瓦等建筑材料需求量剧增。干窑抓住机遇，烧制大量砖瓦销往上海等城市，据 1995 年《嘉善县志》记载："历史上……特别对上海的建设曾作出过重大贡献。解放后，嘉善仍是供应上海砖瓦的主要产地，平瓦还远销华北、东北、西北各地。"[2]平瓦，俗称"洋瓦"。民国 7 年（1918）干窑商民潘啸湖等人仿制洋瓦成功，筹集股本 2 万元，创建陶新机制瓦厂，干窑开始生产平瓦，继起者有泰山、生泰、华新等厂。[3]据考证，干窑陶新机制瓦厂生产的第一张平瓦被认定为国产第一张机制平瓦，干窑窑业成为嘉善民族工业的先声。

然而，随着岁月流逝，城市乡村迭代更新，嘉善的古建筑逐渐消失，干窑烧制的窑业精品如今也难觅踪迹。所幸，嘉善几位收藏窑业实物的有识者，孜孜以求，从而使许多窑

---

1 章士雅纂修：明万历二十四年《嘉善县志》"食货志·户口""永七区"条。

2 嘉善县志编纂委员会编《嘉善县志》，上海三联书店，1995，第 1158 页。

3 嘉善县志编纂委员会编《嘉善县志》，上海三联书店，1995，第 1159 页。

业实物得以保存，并在本书中展示。本书最后部分，专题介绍干窑窑文化推动者、干窑窑业精品收藏家董纪法先生，以示不忘先贤、传承窑文化。

本书是嘉善第一本关于干窑窑业精品鉴赏的小册子。窑业精品，反映了古代干窑的工匠精神，以工艺精湛、寓意吉祥为特征。本书注重对窑业精品的社会功能及其艺术价值进行挖掘，尤其对古代干窑铭文砖文化、瓦当文化进行解读，凸显干窑窑业精品独特的社会价值和艺术价值。

本书期望通过对干窑窑业精品的鉴赏，以藏存史，以物证史，传承不息的窑火，照亮未来。

目录
CONTENTS

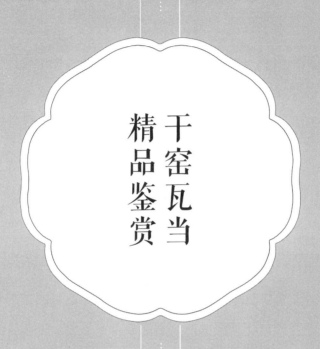

干窑瓦当
精品鉴赏

对瓦当进行鉴赏，首先要了解瓦当的用途。普遍意义上的瓦当，是指古建筑屋檐口，覆扣于筒瓦头部，有一下垂的半圆或圆形部分。作为筒瓦的瓦头，既有保护房屋椽子免受雨水侵袭而腐烂的实用功能，又起到装饰作用，整齐划一的图案横列于建筑物上，如美丽的项链，极富装饰效果，也寄托了人们对美好生活的向往。千百年来，瓦当已成为我国古代建筑构件中不可或缺的组成部分。

瓦当，是屋檐的艺术。老子言："道在瓦甓"，大道无处不在，即便是身边最不起眼的平常之物也有道存焉，一片瓦甓，一块残砖，都是素朴本真的存在。中国的瓦当艺术源远流长，"早在西周时期，于扶风（县）召陈村西周宫室遗址，建筑屋面全部覆瓦并出现了瓦当"[1]（见图4），西周时期瓦当都是半圆形。战国时期，思想上百家争鸣，艺术活跃，圆形瓦

图4　陕西扶风出土西周时期半圆形瓦当拓片（摘自杨力民编著《中国古代瓦当艺术》，上海人民美术出版社，1986）。

1　陈根远、朱思红：《屋檐艺术：中国古代瓦当》，文物出版社，2021，第32页。

当随之出现，瓦当纹饰面向自然、取材自然，动物纹如鹿纹，活泼生动（见图5）。秦汉时期，瓦当制作以动物画像为多，文字瓦当开始出现。然而，嘉善的建筑最早见于文献记载是，始建于三国时期的慈云寺，精美大气的秦汉瓦当，很遗憾没有在嘉善辖内发现。

图5 秦飞鸿延年纹瓦当（摘自杨力民编著《中国古代瓦当艺术》，上海人民美术出版社，1986）。

瓦当除圆形、半圆形外，还有滴水瓦、花边瓦。东汉末年王莽时期流行"四神瓦当"，开始出现表面黑色磨光的板瓦，檐头板瓦一端加厚，并压印纹饰，成为后世"滴水瓦"的发端。唐代，滴水瓦已有使用。滴水瓦覆盖于建筑屋檐口板瓦上，当面对称，弧形向上，以利于流水下泻，也起到保护房屋椽子及装饰的作用。花边瓦出现于清代中期，当面呈扇形，较滴水瓦厚，弧形向上，饰以花边，纹饰厚重，凹凸感强（见图6）。

图6 干窑清代建筑上的花边、滴水瓦屋檐（金身强摄）。

清代至民国时期，滴水瓦、花边瓦在干窑大量出现，纹饰多样，寓意吉祥，制作精美，成为干窑瓦当鉴赏的重要部分。

圆形瓦当鉴赏

————————

　　圆形瓦当，是指当面呈圆形、半圆形的瓦当。圆形瓦当出现于春秋中期，当面无纹饰，战国晚期，始有图案，[1]分为泥质灰陶和泥质红陶两种。当面饰以文字和图案，文字古朴、内容吉祥；图案精美，风格洗练大方。对瓦当的研究与收藏，始于北宋时期。清代金石学盛行，秦汉时期圆形、半圆形瓦当成为金石学研究的重要内容，并已发展为独特的收藏门类，具有重要的学术价值和艺术价值。瓦当纹饰的变化，折射出整个时代的社会状况和制度变迁，反映了人们的审美观念和对美好生活的向往。

　　干窑区域圆形瓦当，用当地青紫泥烧制，属泥质灰陶。辖内出现的唐、宋、明时期瓦当，与中原瓦当相比，纹饰、质地、烧制温度等均不相上下。但干窑辖内未发现半圆形瓦当。

　　唐代莲花纹瓦当　灰陶质。当面直径 15.8 厘米，厚 2.8厘米。干窑镇黎明村出（见图 7、图 8）。

————

1　陈根远、朱思红:《屋檐艺术：中国古代瓦当》，文物出版社，2021，第67 页。

图7 唐代莲花纹瓦当（拾遗阁摄）。

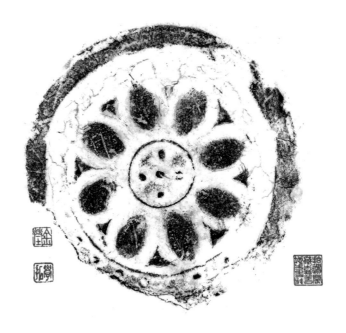

图8 唐代莲花纹瓦当拓片（拾遗阁金莹拓制）。

汉代，佛教传入中土，隋唐时盛极一时，成为佛教在我国传播的第二次高潮。得益于隋唐统治者的支持，国内大兴寺院，佛教文化与中国主流文化日益融合，佛教渗透到社会生活的各个方面。[1] 就瓦当而言，莲花纹已成为唐代瓦当的主要题材。莲花作为佛教最重要的纹饰，源于佛祖诞生时，前行七步，步步生莲。在佛教雕塑中，佛祖坐于莲台之上，这也契合了中国人对莲花出淤泥而不染的认同。在唐代，无论是佛教的寺院还是皇家宫殿都主要使用莲花纹瓦当。

此枚莲花纹瓦当边缘宽平，环花蕊凸起 8 瓣莲瓣，莲瓣单瓣，饱满短壮，无削薄草率之感。花蕊纹由 5 个乳钉纹组成。莲瓣周围饰以联珠纹。符合盛唐时单瓣莲花纹瓦当风格。中晚唐以后至宋初，莲瓣渐向细长条形发展，近似于菊花形，花蕊纹以一周联珠纹为代表，莲瓣较为低平，数目增多，一般在 10 瓣以上，几乎失去了莲花本来面目。故图 7 为典型唐代莲花纹瓦当。拾遗阁藏。[2]

宋代折枝菊花纹瓦当 泥质灰陶。当面直径 12 厘米，厚 1.8 厘米，残长 4 厘米。干窑镇黎明村出（见图 9、图 10）。

菊花，是花中"四君子"之一。宋代崇尚"文治"，文人雅士辈出。人们的精神生活逐渐摆脱宗教束缚，转移到对品质生活的追求之上。宋人爱花，民间品花赏花的习俗在宋代发展到了顶峰。菊花因"花之隐逸者"的高洁个性受到历代

1 陈根远、朱思红：《屋檐艺术：中国古代瓦当》，文物出版社，2021，第 140 页。

2 本册拓片均由拾遗阁金莹拓制。

图9　宋代折枝
菊花纹瓦当（拾
遗阁摄）。

图10　宋代折枝
菊花纹瓦当拓片。

文人墨客的推崇。宋代是中国花鸟画的成熟时期，花鸟画的发展给瓦当纹饰带来前所未有的突破。花卉构图从原来的俯视式变为以侧视式为主。"折枝"是花卉画中经典的图式，只画花枝部分，又或折下花枝，以作特写。折枝菊花纹瓦当的总体特征为，当面纹饰为一枝或数枝侧视带叶茎菊花，"花大叶小"，注重刻画细节，接近于写生。

此枚折枝菊花纹瓦当的当面尺寸较唐代瓦当小。两朵折枝菊花左顾右盼，花朵侧影婀娜，有着清新恬淡的自然风格，符合宋代菊花纹的时代特征。与南越国宫署遗址出土的宋代菊花纹瓦当风格相近，为宋代花卉瓦当中的精品。拾遗阁藏。

明代兽面纹瓦当 泥质灰陶。当面直径11厘米，厚1.5厘米，长18厘米。干窑镇长生村出（见图11、图12）。

图11 明代兽面纹瓦当（拾遗阁摄）。

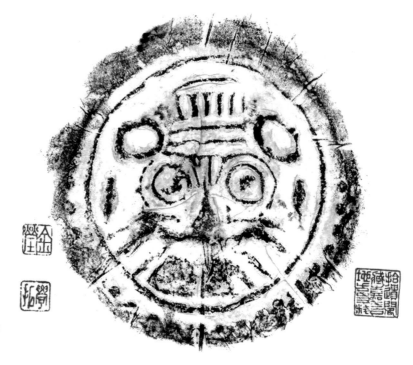

图 12　明代兽面
纹瓦当拓片。

春秋战国时期，燕国开始用兽面装饰瓦当当面，一直流行至明清时期，称为"虎头瓦"。其造型更接近于虎头，为吉兽纹之一，象征威猛、勇敢、公正之意。作震慑、辟邪、降恶之用。

宋代以前兽面纹瓦当的兽面凸起，面部以块面为主，饱满圆润，神态威严，须发精细。明代兽面纹瓦当的兽面凸起，但面部多以线条表现，线条粗犷，须发草率，神态偏于凶猛，制作较为粗糙。清代兽面纹趋于纤细烦琐，但缺乏神韵。

此枚兽面纹瓦当虽兽面制作粗糙，但符合明代兽面纹瓦当特征。除兽面齿部有损，其余保存较好。拾遗阁藏。

清代"寿"字纹瓦当　泥质灰陶。当面直径 13.6 厘米，厚 2.2 厘米，长 22 厘米。干窑镇黎明村出（见图 13）。

"寿"，即长命之义。古人生活艰辛，医疗条件差，人均寿命不高，出于长寿的心愿，早在商周时期就有"长寿为五福之首"之说。寿字印于瓦当，既是古人对健康长寿的美好祈盼，更有为宅主与家人祈福、祝长命百岁的美好寓意。

此枚"寿"字纹瓦当，原为干窑黎明村清代建筑构件。"寿"字楷书，书法圆润浑厚，模印较精。清代"寿"字瓦当多为篆书，楷书较为难得。此枚瓦当为董纪法旧藏，曾陈列于中国国家版本馆中央总馆。

图13 清代"寿"字纹瓦当（杭斌军摄）。

滴水瓦鉴赏

在中国古代建筑中，不同年代的瓦展示出不同的风貌与特征。屋檐前端的瓦分为两种，一种圆形或半圆形，瓦面弧形朝下；另一种三角形或如意形，瓦面弧形朝上。前者名"瓦当"，后者为"滴水瓦"。

滴水瓦当面左右对称，下端有下垂的圆尖形状，底瓦于檐口处，盖房顶时放在檐口，起到方便流水下泻、保护房屋椽子及装饰的作用。滴水瓦最早出现于唐代，尔后被广泛使用。干窑辖内的滴水瓦出现在明清时期。尤其到了清代、民国时期，大量出现在建筑中，成为古建筑中亮丽的风景。

滴水瓦当面纹饰丰富，有文字、图案等，寓意吉祥，表达了百姓对美好生活的向往，其中也包含教育与警示功能，是我国民间艺术中的一朵奇葩。但由于滴水瓦在江南地区，尤其是干窑较为常见，很少能引起专家学者的关注，对滴水瓦的研究也一直未能开展。

本部分"滴水瓦鉴赏"试着对干窑的滴水瓦精品作纹饰、寓意等方面的解读，以期抛砖引玉，吸引更多有识者的关注，使寻常百姓家的滴水瓦也能进入艺术的殿堂。

清代龙纹滴水瓦　泥质灰陶。当面宽20厘米，高8厘米，长16厘米。干窑区域出（见图14、图15）。

当面模印，呈倒三角形，周围留有弧形边框。框内正中位置是一正面龙，方头宽额，须发怒张。龙是中国古代传说中的神异动物，是中华民族的象征。传说其能显能隐，能细

图14　清代龙纹滴水瓦（拾遗阁摄）。

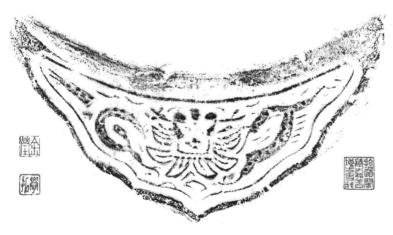

图15　清代龙纹滴水瓦拓片。

能巨，能短能长。春分登天，秋分潜渊，呼风唤雨。器物上饰以龙的元素起到祛邪、避灾、祈福的作用。

干窑滴水瓦中龙的形象出现较多，多以草龙形式出现。此枚龙纹滴水瓦，模具由民间工匠刻制，显得粗犷草率；模印较浅，纹饰稍显模糊。但能反映清代晚期民间龙纹的典型特征。拾遗阁藏。

清代"双龙戏珠"纹滴水瓦　泥质灰陶。当面宽17厘米，高8.6厘米，长16厘米。干窑区域出（见图16）。

当面模印，呈倒三角形，无框。画面左右对称，饰双龙，中间一颗火珠。龙是中国古代传说中的神异动物，是中华民族的象征。"双龙戏珠"是两条龙戏耍（或抢夺）一颗火珠场景。火珠是由月亮演化来的。从西汉开始，双龙戏珠便成为吉祥喜庆的装饰图案，多用于建筑及其他高贵器皿装饰上。

此件滴水瓦，双龙体态纤细轻盈，线条优美，画面灵动飘逸，栩栩如生，是干窑滴水瓦中的精品之作。嘉善县博物馆藏。

图16　清代"双龙戏珠"纹滴水瓦（拾遗阁摄）。

清代"丹凤朝阳"纹滴水瓦　泥质灰陶。当面宽19厘米，高7厘米，长16厘米。干窑区域出（见图17、图18）。

当面模印，呈倒三角形，周围留有弧形边框。框内云纹衬托，正中位置是一凤凰。凤凰头部向右，眼望前方太阳。此纹饰为古代"丹凤朝阳"纹。凤是传说中的鸟王，雄鸟称"凤"。"丹凤朝阳"指鸟中之王向着寓意光明的太阳，比喻贤才遇到好时代、贤明的君主。干窑滴水瓦中凤凰形象出现较多。此枚线条凝练、构图饱满、形象生动的精品之作极为罕见，是干窑滴水瓦中的精品。曾刊登于《浙江通志》封面。董纪法旧藏。

图17　清代"丹凤朝阳"纹滴水瓦（江春辉摄）。

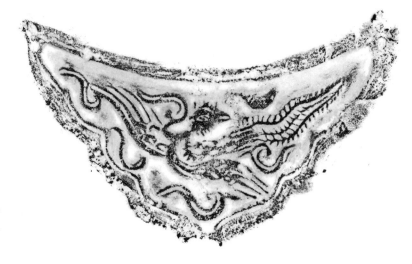

图18 清代"丹凤朝阳"纹滴水瓦拓片。

清代"福从天降"纹滴水瓦 泥质灰陶。当面宽18厘米，高8厘米，长15厘米。干窑区域出（见图19）。

当面模印，呈倒三角形，周围留有弧形边框。框内有一蝙蝠，左右翅膀对称，头向下。在我国汉字中，"蝠"与"福"谐音，常寓意美好。此枚滴水瓦，蝙蝠头向下，有"福从天降"之意。蝙蝠纹在干窑滴水瓦中是较为常见的纹饰，一般以块面形式表现。此枚"福从天降"滴水瓦造型端正，以线条勾勒，线条朴拙，有极浓的民俗韵味，较为罕见，是干窑滴水瓦中的精品。董纪法旧藏。

图19 清代"福从天降"纹滴水瓦（江春辉摄）。

清代"年年有余"纹滴水瓦　泥质灰陶。当面宽18厘米，高7厘米，长12.5厘米。干窑区域出（见图20、图21）。

当面模印，呈倒三角形，周围留有弧形边框。框内双鱼相向，左右对称。"鱼"与"余"谐音。此枚滴水瓦中双鱼有须，应为鲤鱼。在我国古代，双鲤指代书信，寓意相思，古乐府诗："尺素如残雪，结成双鲤鱼，欲知心里事，看取腹中书。"据此诗，古人尺素为鲤鱼形。此处双鱼，也有期盼生活富足，每年都有多余的财富及食粮之意。干窑区域，以鱼为纹饰的滴水瓦较少见。此枚"年年有鱼"纹滴水瓦，造型偏于写实，以线条勾勒，形象生动，有极浓的民俗韵味，是干窑滴水瓦中的精品。拾遗阁藏。

图20 清代"年年有余"纹滴水瓦（拾遗阁摄）。

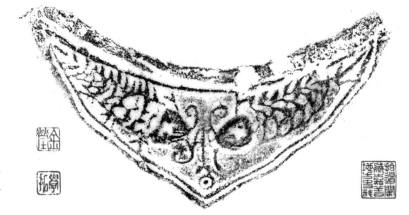

图21 清代"年年有余"纹滴水瓦拓片。

清代"五子登科"纹滴水瓦　泥质灰陶。当面宽20厘米，高9厘米，长17厘米。干窑镇出（见图22）。

当面模印，呈倒三角形，周围留有弧形边框。框内饰双龙戏珠纹，上书"五子登科"四字。"双龙戏珠"是中国古代神话。龙珠是龙的精华，在古代艺术表达中，通过两条龙对玉珠的争夺，象征着人们对美好生活的追求。关于"五子登科"的故事，《三字经》中有"窦燕山，有义方，教五子，名俱扬"的记载。在科举时代，应考人被录取称登科，一家五个儿子都登科，称"五子登科"。此枚"五子登科"纹滴水瓦刻画草率，在干窑区域较为常见，反映了百姓期盼通过科举改变命运的美好心愿，是干窑科举文化的见证。拾遗阁藏。

图22　清代"五子登科"纹滴水瓦（拾遗阁摄）。

清代"双福捧寿"纹滴水瓦 泥质灰陶。当面宽 30 厘米，高 14 厘米，长 20 厘米。干窑区域出（见图 23、图 24）。

当面模印，呈倒三角形，周围留有弧形边框。框内左右对称饰双蝙蝠，中间团寿纹。双蝙蝠一翅膀飞舞，一翅膀捧起团寿，称"双福捧寿"。"双福捧寿"是明清之际流行的图案，寓意好事成双、多福多寿。此枚"双福捧寿"纹滴水瓦尺寸较大，多用于大型建筑。器型规整，构图饱满，刻画生动，印制精良。当面与瓦身接口有手工抚刮痕，与现代机制滴水瓦整体压制，接口处无手工抚刮痕相异，是清代滴水瓦中的精品。拾遗阁藏。

图 23 清代"双福捧寿"纹滴水瓦（拾遗阁摄）。

图 24　清代"双福捧寿"纹滴水瓦拓片。

清代"眉寿"纹滴水瓦　泥质灰陶。当面宽 18 厘米，高 10 厘米，长 14 厘米。干窑镇出（见图 25、图 26）。

当面模印，呈倒三角形，周围留有弧形边框。框内左右对称饰梅花两枝，中间篆书"寿"字。"梅"与"眉"谐音，与寿字合称"眉寿"纹。"眉寿"即长寿之意。《诗经·豳风·七月》："为此春酒，以介眉寿。"毛传："眉寿，豪眉也。"孔颖达疏："人年老者必有豪眉秀出者。"民间称"长寿眉"。"眉寿"纹滴水瓦在干窑区域较为多见，此枚"眉寿"纹滴水瓦构图规整，寓意吉祥，反映了百姓对健康长寿的美好期盼。拾遗阁藏。

图 25 清代"眉寿"纹滴水瓦（拾遗阁摄）。

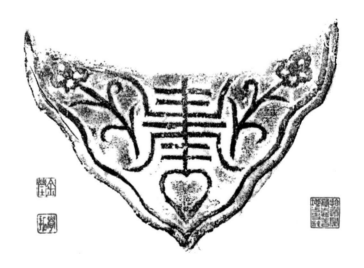

图 26 清代"眉寿"纹滴水瓦拓片。

清代"清廉"纹滴水瓦　泥质灰陶。当面宽 17 厘米，高 9 厘米，长 16 厘米。干窑区域出（见图 27、图 28）。

　　当面模印，呈倒三角形，周围留有弧形单线条边框。框内两边对称饰缠枝纹，中间莲花一朵。莲花纹是中国古代传统纹饰之一。自佛教传入我国，便以莲花作为佛教标志，代表"净土"，象征"纯洁"，寓意"吉祥"。莲花的"莲"字与"廉"谐音，使莲花除本身文字含义外，更有清白廉洁的寓意，印制在滴水瓦上，提醒世人做人要出淤泥而不染，为官要清正廉洁。此枚"清廉"纹滴水瓦源自古代文人画，画面线条优美，莲花亭亭玉立，极富韵味，是干窑滴水瓦中的精品。董纪法旧藏。

图 27　清代"清廉"纹滴水瓦（拾遗阁摄）。

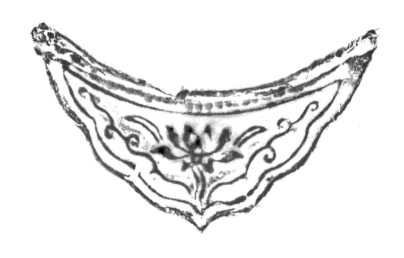

图 28　清代"清廉"纹滴水瓦拓片。

民国时期"囍"字纹滴水瓦　泥质灰陶。当面宽 17 厘米，高 10 厘米，长 15 厘米。干窑区域出（见图 29）。

当面模印，呈倒三角形，周围留有弧形双线条边框。框内一枝丫穿过"囍"字。双喜纹是中国传统纹饰之一，是文字纹的一种。中国民间将"囍"字加以图案化，以作装饰之用。"囍"字寓意双喜临门，喜上加喜。干窑区域文字纹滴水瓦出现较少，"囍"字纹更为罕见。此枚"囍"字纹滴水瓦为民间工匠所作，刻印随意，简练概括，笔意潇洒，极富神韵，是干窑滴水瓦中的神来之笔。董纪法旧藏。

图 29　民国时期
"囍"字纹滴水
瓦（江春辉摄）。

花边瓦鉴赏

在古代建筑屋檐上，花边瓦和滴水瓦弧形相反，同时出现。花边瓦在上，滴水瓦在下。与滴水瓦一样，花边瓦当面饰以图案，往往寓意吉祥，在保护屋檐椽子的同时，起到装饰美化、期盼美好等作用。民国时期，作为建筑屋檐花边瓦单独出现，成为该时期的建筑特色。

干窑的花边瓦始见于清代中期，盛行于民国。花边瓦制作工艺与瓦当、滴水瓦相近，此处主要对其当面纹饰进行解读。如今，出于古建筑重建、修复等需求，现代古典砖瓦厂大量生产花边瓦，因设备先进，其精细程度较古代花边瓦有大幅提升，这使鉴定清代、民国时期的花边瓦面临一定难度。

清代、民国时期花边瓦为纯手工制作，其当面与瓦身接口处有手工抚刮痕，纹饰形象生动而不刻板，这些特点是机器制作中无法达到的，也成为鉴定花边瓦的重要突破口。

清代"必定长寿"纹花边瓦　泥质灰陶。当面宽17厘米，高7厘米，长15厘米。干窑区域出（见图30、图31）。

当面模印，呈扇面形，上部突出，饰花边纹，四周有扇形单线条边框。框内居中有银锭 1 枚，毛笔 1 支，左右各饰以寿桃、花草等。"笔""锭"是"必定"的谐音，在民间纹饰中有"必定"之意。与寿桃组成"必定长寿"纹饰，表达了百姓健康长寿的美好心愿。又因笔象征文才，银锭寓意富贵，寿桃是长寿，故此枚花边瓦有多才多寿富贵之意。"必定长寿"纹花边瓦在干窑区域较为少见。拾遗阁藏。

图 30　清代"必定长寿"纹花边瓦（拾遗阁摄）。

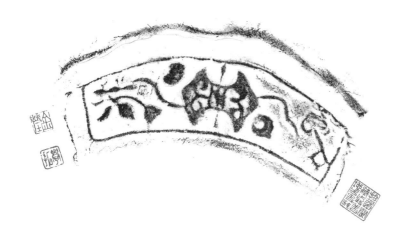

图 31　清代"必定长寿"纹花边瓦拓片。

清代"双龙戏珠"纹花边瓦　泥质灰陶。当面宽18厘米，高8厘米，长16厘米。干窑区域出（见图32、图33）。

当面模印，呈扇面形，上部突出，饰梅花5朵，四周有扇形单线条边框。框内左右对称，饰双龙戏珠纹。"双龙戏珠"图案早在先秦时期就已出现，古人认为龙珠是龙的元神，两条代表祥瑞的龙争夺一颗龙珠，表达了百姓对美好生活的追求。此枚"双龙戏珠"纹花边瓦，两条龙左右对称呈现，是行龙姿态，画面突出，与其定为争夺，不如说是戏耍，一片祥和之气。干窑区域花边瓦纹饰多以块面表现，但因印模刻制较浅，当面纹饰模糊，而此枚印制精美，殊为难得。拾遗阁藏。

图32　清代"双龙戏珠"纹花边瓦（拾遗阁摄）。

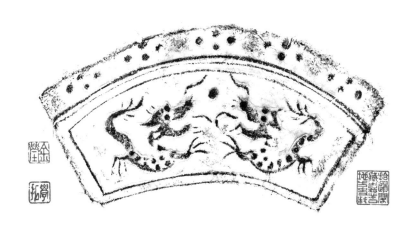

图 33　清代"双龙戏珠"纹花边瓦拓片。

清代"双凤祝寿"纹花边瓦　泥质灰陶。当面宽 18.5 厘米，高 8 厘米，长 17 厘米。干窑区域出（见图 34）。

当面模印，呈扇面形，上部饰弧形花边，花边处有工匠捏塑时留下的指纹。当面无框，左右对称，饰有双凤展翅飞翔，中间下部有寿桃 1 枚，是典型的"双凤祝寿"纹。凤凰是鸟中之王，"双凤祝寿"寓意吉祥。此枚"双凤祝寿"纹花边瓦，双凤体态纤细轻盈，线条优美，画面灵动飘逸，栩栩如生，是干窑花边瓦中的精品之作。嘉善县博物馆藏。

图 34 清代"双
凤祝寿"纹花边
瓦（拾遗阁摄）。

清代"双凤捧寿"纹花边瓦 泥质灰陶。当面宽 17 厘米，高 7 厘米，长 14 厘米。干窑区域出（见图 35、图 36）。

当面模印，呈扇面形，上部饰弧形纹。四周有扇形单线条边框。框内左右对称，饰双凤展翅飞翔，中间有寿桃 1 枚，是典型的"双凤捧寿"纹。凤凰是鸟中之王，"双凤捧寿"寓意吉祥。此枚"双凤捧寿"纹花边瓦，双凤与寿桃凸起，中间以线条勾勒，画面灵动，栩栩如生，诚为民间工匠得意之作。拾遗阁藏。

图 35 清代"双
凤捧寿"纹花边
瓦（拾遗阁摄）。

图 36　清代"双凤捧寿"纹花边瓦拓片。

清代"中国结"纹花边瓦　泥质灰陶。当面宽 17 厘米，高 8 厘米，长 15 厘米。干窑区域出（见图 37）。

当面模印，呈扇面形，上部饰弧形花边。四周有扇形单线条边框。框内左右对称，两边各饰一组"万字不到头"图案，中间饰"中国结"。"万字不到头"利用多个万字（卍）联合而成，是一种四方连续图案。其中"万"字，寓意吉祥，"不到头"寓意连绵不断，因此"万字不到头"表示吉祥连绵不断、万寿无疆等含义；"中国结"因为其外观对称精致，可以代表汉族悠久的历史，符合中国传统装饰的习俗和审美，与"万字不到头"图案一样，是我国传统吉祥图案。"中国结"纹在花边瓦上是极为少见的，此枚造型平整，内容吉祥，是干窑花边瓦中的精品。董纪法旧藏。

清代"万有喜"纹花边瓦　泥质灰陶。当面宽 15 厘米，高 8 厘米，长 16 厘米。干窑区域出（见图 38、图 39）。

当面模印，呈扇面形，上部花边突出。四周有扇形单线条边框。框内左右对称，两边各饰一"卍"字。中间为抽象蜘蛛纹，蜘蛛头向下，寓意"喜从天降"。与"卍"字出现于同一画面，意为"万有喜"。"万有喜"纹在清末民国时期的干窑较少出现，饰于花边瓦上更为少见。如今，随着古建筑修复等需求增加，"万有喜"纹花边瓦因图案精美、寓意吉祥，大量被投放市场。但较之旧时花边瓦，其当面与瓦身接口处无手工抚刮痕，收藏时应引起注意。此枚"万有喜"纹花边瓦，是干窑花边瓦中不可多得之物。董纪法旧藏。

图 38 清代"万有喜"纹花边瓦（江春辉摄）。

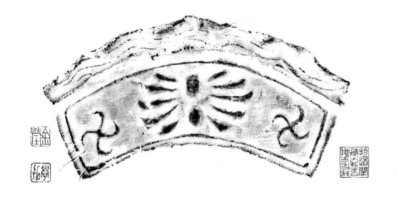

图 39 清代"万有喜"纹花边瓦拓片。

民国"富贵长寿"纹花边瓦 泥质灰陶。当面宽16厘米，高 7 厘米，长 15 厘米。干窑区域出（见图40）。

当面模印，呈扇面形，上部花边突出。四周有扇形单线条边框。框内左右对称，两边各饰一组折枝牡丹，簇拥着中间的"寿"字。牡丹象征富贵，与"寿"字搭配在一起，名"富贵长寿"，是传统吉祥图案。此枚花边瓦牡丹纹有国画写实之妙，在干窑区域花边瓦中比较少见。董纪法旧藏。

窑火凝珍
干窑窑业精品鉴赏

图 40 民国时期
"富贵长寿"纹
花边瓦（江春辉
摄）。

干窑京砖鉴赏

京砖，因两面均为正方形或长方形，民间又称为"方砖"。多用于铺设大户人家的宅邸、园林及各处庙宇、宫殿等地面，还被制成砖雕，作为各类建筑的装饰。

从方砖升级为"金砖"，是明代永乐年间的事。明成祖朱棣迁都北京，大兴土木建造紫禁城。经苏州香山帮工匠推荐，决定"始砖于苏州，责其役于长洲窑户六十三家……其土必取城东北陆墓所产"[1]，由于质量优良，博得明成祖朱棣的称赞，赐名窑场为"御窑"。这些铺设于紫禁城的方砖，名"御窑金砖"。

明代中期，苏州京砖烧制技艺传入干窑江泾村。《干窑镇志》载："明朝万历年间已有记载：'出干家窑者曰北窑'，当时江泾吕家的'明富'字号京砖（即大方砖）与邵家、陆家的'定超'字号已颇具盛名。"[2]

图 41 江泾村吕宅（金身强摄于2022 年）。

1 张问之：《造砖图说》，浙江巡抚采进本。
2 《干窑镇志》编纂委员会编《干窑镇志》，中华书局，2015，第749 页。

今天，我们尚能看到明代干窑境内生产的"中江泾定造明富京砖"等实物。正方形、长方形都有，且尺寸较之陆墓御窑金砖小且薄，名称由"金砖"改为"京砖"。

干窑京砖，指干窑辖内生产的京砖，其中以江泾村明富京砖最为有名。以前干窑区域有"江泾制坯，洪溪烧"的说法，即干窑江泾村制京砖坯，洪溪朱杭圩、许家浜等地烧制。江泾、朱杭圩与许家浜隔红旗塘相望。在红旗塘开挖前，三村属同一区域。京砖"江泾制坯，洪溪烧"也是不争的事实。

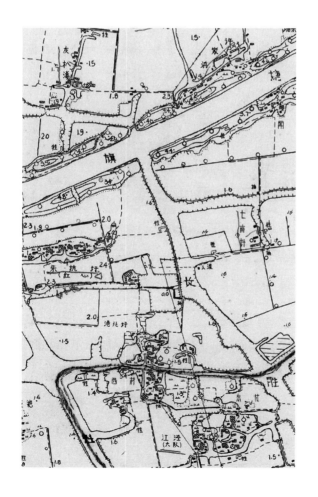

图42 1977年江泾、朱抗（杭）圩、许家浜位置图（拾遗阁提供）。

关于干窑京砖的鉴赏，之前未见有专著。鉴赏与收藏是一对孪生兄弟，没留下实物，或留下实物无人关注和收藏，鉴赏就无可鉴之物。干窑京砖收藏，始于董纪法先生。数十年来，董先生于破屋颓墙之中，在推土机下，抢救出许多京砖实物。笔者也曾对干窑京砖悉心搜求，才有些许收藏。这些藏品，也成为干窑京砖鉴赏的基础。

干窑京砖鉴赏，区域特征是重点，体现在材质、工艺、铭文、尺寸、纹饰等方面。干窑京砖烧制技艺发源于苏州陆墓，从用料到烧制技艺，干窑京砖与"敲之有声，断之无孔"的御窑京砖相比存在一定差距。苏州御窑金砖用黄泥，据《造砖图说》记载，黄泥色泽"干黄作金银色"，"黏而不散，粉而不沙"[1]，密度比一般土大，铁含量高，质地细腻坚硬，耐磨性高。御窑金砖的烧制过程有 30 多道工序，可谓精益求精。御窑金砖成品是否合格，先由地方官员检验，要达到"敲之有声，断之无孔"的标准。清乾隆四年（1739）江苏巡抚张渠在奏折中说："钦工物料，必须颜色纯青，声音响亮，端正完全，毫无斑驳者方可起解。"[2] 这还只是初验，达到这一标准可以装船运走。到京城后，经皇宫造办处验收完成才算合格。窑户往往须随行，负责到底。因此陆墓御窑金砖上印有造砖时间、督造官、监造官、窑户地址、窑工户籍姓名等，以便于朝廷追责。

干窑京砖均采用当地特有的半黏性土（俗称"中层土"）制坯。这种土比陆墓金砖用的黄泥轻，含铁量低，含铝量较

1　张问之：《造砖图说》，浙江巡抚采进本。
2　清乾隆四年（1739）江苏巡抚张渠奏折。

高，故烧制的京砖，质地细腻，且年代久远也不会泛黄。除铺地外，还适宜作砖雕材料。

干窑生产的京砖也有品牌承诺，即标明产地及窑户名称，如"中江泾定造明富京砖"等，即使干窑制坯，洪溪朱杭圩等地烧制，也标明"朱杭圩陆天顺定造京砖"等字样。这些戳印成为鉴定京砖产地的重要依据。

另外，以用途相同的京砖而言，普遍认为明代京砖尺寸较大，清代及民国时期尺寸逐渐缩小。这也是判定京砖年代的依据之一。

清代许家浜明付京砖　泥质灰陶。长64厘米，宽61厘米，厚9厘米。天凝镇镇东村许家浜出（见图43、图44）。

此砖以干窑当地半黏性土（俗称"中层土"）加黄泥制坯，胎质细腻，形制规整，曾经过打磨。侧面有戳印"许家浜明付京砖"字样，阳文楷书，书法端庄。许家浜，今属天凝镇镇东村，与干窑江泾、洪溪朱杭圩呈三角形分布，历史上是烧制砖瓦之地。许家浜清代民国时期窑业兴旺，烧制京砖，由干窑制坯，运至许家浜烧制。当地也有坯户制坯，但产量不多。戳印中"明付"两字，以仿制干窑著名品牌"明富"京砖，博得信誉。此枚是干窑江泾明富京砖产品的衍生，烧制地点在许家浜。戳印中标明京砖烧制地点，也是古代嘉善窑乡人重信誉、守质量的体现。

此件京砖，观其尺寸，应烧制于清早期，是目前嘉善辖内发现的尺寸最大的京砖，用于铺设庙宇大殿、官宦人家大厅等。许金海藏。

图 43 清代许家浜明付京砖（拾遗阁摄）。

图 44 清代许家浜明付京砖局部。

清代江泾顺兴京砖 泥质灰陶。长 34 厘米，宽 33 厘米，厚 7 厘米。干窑镇黎明村独圩 7 号周宅出（见图 45）。

此砖以干窑当地半黏性土制坯，胎质细腻，形制规整，表面光亮，曾经过打磨。侧面有戳印"江泾顺兴京砖"字样，阳文扁宋体，观其风格，与同治时期刻书字体相类。江泾，今属干窑长生村，明代开始制作京砖。顺兴，清代窑户周氏商号，名"周顺兴"，是干窑区域制坯、烧制京砖规模较大的窑户，民国时期窑主周文蔚。京砖上戳印商号名称，是古代干窑人讲诚信、守质量的体现。

据周氏后人介绍，此京砖清代同治年间铺设于周氏大厅，后大厅等建筑被毁。光绪年间重建周宅，沿用此京砖，故而得以保存下来。其尺寸也与清代晚期烧制的京砖相类，故烧制年代应在清晚期。拾遗阁藏。

图 45　清代江泾
顺兴京砖拓片局
部。

清代江金明货京砖　泥质灰陶。长38.5厘米，宽37厘米，厚6.5厘米。魏塘街道东门大街余宅出（见图46、图47）。

此砖以干窑当地半黏性土制坯，胎质杂质较少，形制较规整。入窑烧制时温度不稳定，导致砖体有细小裂缝。侧面有模印"江金明货京砖"字样。模印，即印文刻于京砖模具一侧，与砖坯一次成型。印文楷书，刻印清晰，非常难得。江金，当指干窑京砖发源地江泾村。明货，由于缺乏史料，可以有两种推测，一种，有别于著名商标明富京砖的另一个品牌；另一种，明富京砖是著名商标，此砖是仿制品，以博得信誉，这与将"江泾"写成"江金"同理。况且在嘉善方言中，"江金明货京砖"与"江泾明富京砖"同音。

此件京砖，观其尺寸，应造于清晚期。原在魏塘街道东门大街余宅墙门上，该建筑为太平天国后建造。拾遗阁藏。

图46 清代江金
明货京砖（拾遗
阁摄）。

图 47　清代江金明货京砖拓片局部。

清代许家浜明付京砖　泥质灰陶。长 43.5 厘米，宽 43.5 厘米，厚 5 厘米。天凝镇洪溪老街出（见图 48、图 49）。

此砖以干窑当地半黏性土制坯，胎质细腻，形制规整，中间略凹。侧面有戳印"许家浜明付京砖"字样，戳印随意，印偏向右侧。阳文楷体，观其风格，是晚清时期典型馆阁体，可知京砖戳印文字，都由当地善书的文化人书写。许家浜，位于天凝镇镇东村，与干窑江泾、洪溪朱杭圩呈三角形分布，历史上是烧制砖瓦之地。许家浜清代民国时期窑业兴旺，烧制京砖，由干窑制坯，运至许家浜烧制。当地也有坯户制坯，但产量较低。戳印中"明付"两字，与前文提到的"明货"同理，以仿制名牌，博得信誉。此枚是干窑江泾明富京砖产品的衍生，烧制地点在许家浜。戳印中标明京砖烧制地点，也是古代嘉善窑乡人讲诚信、守质量、重信誉的体现。

此枚京砖，观其尺寸，应造于清中期。砖面中间略凹，是为砌于门楼等处时，凹面向内，凹处填入黏合物，如此砌成后外观平整。又，此砖较薄且轻，适合用于建筑物上部。拾遗阁藏。

图 48 清代许家
浜明付京砖（拾
遗阁摄）。

图 49　清代许家
浜明付京砖拓片
局部。

清代中江泾明富京砖　泥质灰陶。长 43 厘米，宽 40.5 厘米，厚 4.3 厘米。干窑江泾出（见图 50、图 51）。

此砖以干窑当地半黏性土制坯，胎质细腻，形制规整。侧面有戳印"中江泾明富京砖"字样，阳文楷书。干窑江泾村，原有前江泾、中江泾、后江泾 3 个自然村。中江泾在前江泾西侧。清代有几只外窑，烧制"明富京砖"。太平天国时期吕姓一支在中江泾盘窑墩，掘出一棺材，里面都是银子，吕家盘好窑墩又买很多田，还在前江泾建造大宅院。此"中江泾明富京砖"就是吕家烧制的。江泾吕氏，明代万历年间从苏州迁居于此，以烧制"明富京砖"驰名。此枚明富京砖，为江泾吕氏烧制著名品牌"明富京砖"难得的实物。此京砖一面残留白色黏合剂，可见用于建筑墙体或门楼等部位。此种白色黏合剂，用糯米、石灰、沙子混合而成，其黏性较之现代水泥更胜一筹。观此京砖尺寸，当为清代中晚期之物。干窑沈家窑藏。

图50 清代中江泾明富京砖（拾遗阁摄）。

图 51　清代中江泾明富京砖拓片局部。

清代干窑定货京砖　泥质灰陶。长44厘米，宽41.5厘米，厚6厘米。干窑镇老街出（见图52、图53）。

此砖以干窑当地半黏性土制坯，胎质细腻，形制较规整。侧面有戳印"干窑定货京砖"字样，阳文楷书，书法精美，戳印清晰。清代晚期，干窑镇区打破"江泾制坯，洪溪烧制"的惯例，设窑墩烧制京砖。此枚干窑定货京砖，指买家向干窑镇区窑户定货后烧制的京砖，以区别于江泾、朱杭圩、许家浜等地烧制的京砖。这也是干窑窑业重心从江泾向干窑镇域延伸的物证。此枚京砖中的"定货"两字，指从定烧数量、交货时间到京砖尺寸、外观形状、戳印等，都必须依照买家的要求。此枚京砖上的戳印，成为干窑窑户诚实守信、保证质量的见证物。干窑沈家窑藏。

图 52 清代干窑
定货京砖（拾遗
阁摄）。

图53　清代干窑
定货京砖拓片局
部。

清代干窑镇金永顺全记本窑特造京砖 泥质灰陶。长35厘米，宽34厘米，厚7.5厘米。干窑镇老街出（见图54、图55）。

此砖以干窑当地半黏性土制坯，胎质细腻，形制规整。侧面有戳印"干窑镇金永顺全记本窑特造京砖"字样，阳文扁宋体楷书，书法精美，戳印清晰，观其风格，与清道光、咸丰、同治时期刻书字体相类。干窑镇金氏，清末民国时期在干窑乌桥头周围开设多家商号，烧制、经营砖瓦。"金永顺全记"，是金氏主要商号金永顺分号。金氏还设有金永兴等经营窑业的商号。

此枚京砖，戳印字数多，在制坯、烧制过程中对工艺要求较高，出窑后戳印能如此清晰，非常难得。印文中"本窑特造"，指金永顺窑户专门为有特殊要求的买家用本商号的窑墩烧制。干窑镇上一些窑商虽有品牌，人脉也极广，但没有自己的窑墩。买家到此类窑商处下单后，窑商会联系其他窑户制坯烧制。而从此戳印来看，该京砖是金永顺全记窑商用自己的窑墩烧制的。

此京砖尺寸较小，但厚度大于大尺寸的京砖。正面打磨精细，乌黑发亮，敲之有金石之声，质量堪比陆墓御窑金砖。干窑沈家窑藏。

图54　清代干窑
镇釜永顺全记本
窑特造京砖（拾
遗阁摄）。

图 55　清代干窑镇金永顺全记本窑特造京砖拓片局部。

民国时期干窑镇金永顺晋记定造京砖　泥质灰陶。长45.5厘米，宽38厘米，厚6厘米。干窑镇老街出（见图56、图57）。

此砖以干窑当地半黏性土制坯，胎质细腻，形制较规整。侧面有戳印"干窑镇金永顺晋记定造京砖"字样，阳文楷书，书法端正。上部印有民国初期铁血十八星旗和五色旗，戳印清晰。干窑镇金氏，清末民国时期在干窑乌桥头周围开设"金永顺""金永兴"等多家商号，烧制、经营砖瓦。"金永顺晋记"是金永顺商号分号。上部印有铁血十八星旗和五色旗。辛亥革命后，大元帅黄兴倡导使用铁血十八星旗为中华民国国旗，国民党代理总裁宋教仁倡导使用五色旗为中华民国国旗。这一时期，在江浙地区两种国旗并存，出现在民国初期的各类物件上。故而此件京砖，为民国初期之物，见证了这段历史。干窑沈家窑藏。

图 56　民国时期干窑镇金永顺晋记定造京砖（拾遗阁摄）。

窑火凝珍

干窑窑业精品鉴赏

图 57 民国时期
干窑镇金永顺晋
记定造京砖拓片
局部。

民国时期朱抗圩陆天顺汉记定造京砖 泥质灰陶。长43.5厘米，宽43.5厘米，厚6.5厘米。天凝镇洪福村朱杭圩出（见图58、图59）。

此砖以干窑当地半黏性土制坯，胎质细腻，形制规整。侧面有戳印"朱抗圩陆天顺汉记定造京砖，只此一家，并无分出"字样，阳文楷书，书法端正。上部印有中华民国国旗和国民党党旗，据史料记载，1924年6月30日，中国国民党中央执行委员会决定以青天白日满地红旗为中华民国国旗，所以这一时期各类器物上会印制中华民国国旗和国民党党旗，时代特征明显。"朱抗圩"，即现凝镇洪福村朱杭圩自然村，历史上是著名的窑乡。在干窑江泾北侧。陆天顺，是朱抗圩烧制、经营砖瓦的著名商号。汉记，是陆天顺分号名称。据志书记载，明代，朱抗圩窑户陆天顺、陆元顺就开始烧制京砖。民国时期，陆天顺号烧制的京砖销往各地，生意兴隆。这也引来当地窑户仿造。为保护版权，维护信誉，陆天顺汉记在京砖戳印上"只此一家，并无分出"的声明，这是民国时期版权意识在京砖上的体现的重要物证，与之前只注明窑商名称又进了一步。拾遗阁藏。

图58　民国时期
朱抗圩陆天顺汉
记定造京砖（拾
遗阁摄）。

图59　民国时期朱抗圩陆天顺汉记定造京砖拓片局部。

民国时期浙善沈永茂定造京砖　泥质灰陶。长 34 厘米，宽 33 厘米，厚 7 厘米。干窑镇干窑村出（见图 60、图 61）。

此砖以干窑当地半黏性土（俗称"中层土"）制坯，胎质细腻，形制规整。侧面有戳印"浙□沈永茂定造京砖"字样，阳文楷书，书法端正。对照沈家窑藏该砖，"浙"字后为"善"字。戳印上部印有中华民国国旗，时代特征明显。"沈永茂"，是干窑镇干窑村沈家窑商号名，最晚出现于清同治年间，生产大小京砖、小瓦、瓦筒、瓦当和平瓦等。如今，沈家和合窑被保存下来。2005 年，沈家"和合窑"被列为省级文物保护单位；2009 年，嘉善"京砖烧制技艺"被列为"浙江省非物质文化遗产普查十大新发现"之一，沈家窑窑主沈步云为传承人。

此京砖是见证沈家窑发展史的重要实物，存世较少。拾遗阁藏。

图 60 民国时期浙善沈永茂定造京砖(拾遗阁摄)。

图 61　民国时期
浙善沈永茂定造
京砖拓片局部。

民国时期江泾定造京砖　泥质灰陶。长 42.5 厘米，宽 40 厘米，厚 5.5 厘米。罗星街道丰前街出（见图 62、图 63）。

此砖以干窑当地半黏性土制坯，胎质细腻，形制较规整，砖面中间略凹。侧面有戳印"江泾定造京砖"字样。干窑江泾，明代就以烧制京砖闻名。印文中"定造"两字，是买家向窑户专门定制之意。对京砖尺寸、外观形状、戳印都有严格要求。此枚京砖为适应使用环境，长宽不一。砖面中间略凹，是为砌于门楼等处时，凹面向内，凹处填入黏合物，砌成后外观平整。

尤其难得的是此枚戳印，印文阳文，书法打破普遍用楷书的习惯，而是用极具个性的行楷。书法融入北碑风格，极具张力，且线条优美、姿态潇洒，是京砖戳印中的精品，反映定造京砖者精深的书法鉴赏功底和审美意趣。戳印后，对印边框稍做修补，以突出印面效果。

此件京砖出于罗星街道丰前街民国时期建筑唐氏旧宅门楼，是江泾定造京砖中难得之品。拾遗阁藏。

图 62　民国时
期江泾定造京砖
（拾遗阁摄）。

图63 民国时期
江泾定造京砖拓
片局部。

干窑出铭文砖
鉴赏

砖，是人类利用自然、改造自然的产物。观其功能，用于住宅、宫殿、城墙、墓室等建筑，作砌墙、贴壁、铺地之用。西周时期，开始出现砖。春秋时期，饕餮纹砖出现于秦雍城宫殿。战国时期，大型空心砖用于搭砌台阶。砖上铭文，即文字的出现，在战国晚期。吴振峰在《慕存斋藏金石·古砖卷》序中写道："咸阳出土的铭文砖，多为中央官署制陶作坊所制，属于秦孝公十二年到秦亡这一时期（前350至前207），其中带有左、右司空印记的砖文最早。最早的砖文大多为戳印，少数刻画，与同时期的瓦文、陶器铭文极似，可以通称为陶文。"[1] 到了西汉初，砖的铭文不断丰富。从那以后，砖文内容和形式有记名、标记、吉语、纪年、记事、墓志、地券、随笔等，是研究中国古代史不可或缺的实物资料。

铭文砖，指砖上带有文字，具有历史价值、艺术价值和科学价值的古砖，也称文字砖。早在唐宋时期铭文砖就进入文人士大夫的视野，雅玩、收藏、研究铭文砖一时成为风尚。自宋至清，形成许多研究铭文砖的著作，如宋代洪适《隶续》、清代严福基《严氏古砖存》、清代吕佺孙《秦汉百砖考》等。这一时期，关于铭文砖的发现，以浙江湖州、绍兴一带为多，大多印有年号、年月、姓氏、吉语等，多为墓葬所用墓砖。书法古拙，内容吉祥。清代乾隆年间，金石考据之风盛行，钱大

1　谢涛：《慕存斋藏金石·古砖卷》，线装书局，2018，第2页。

昕、翁方纲、张燕昌、阮元、张廷济等，将古铭文砖收藏研究推向高潮。钱大昕在《廿二史考异》中，以所藏"咸和四年八月立"，侧面"是戉"两字。考证出东晋咸和八年"苏峻之乱"后，大批流民涌入今常州一带，其中就有北方姓"是戉"的移民。而张廷济将收藏古铭文砖传拓后，将考释文字书于拓片之上，编入《清仪阁所藏古器物文》一书中（见图64）。

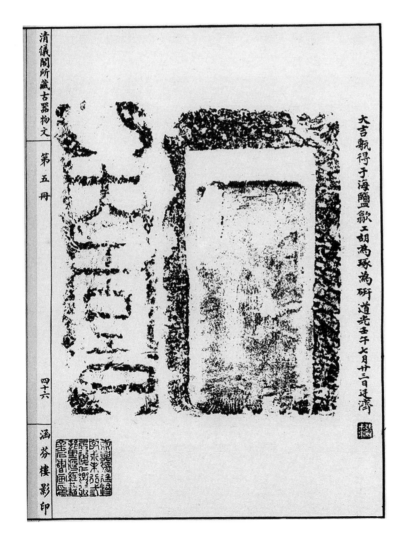

图64 《清仪阁所藏古器物文》（张廷济藏大吉铭文砖拓并跋，台联国风出版社，1980）。

古铭文砖文字古拙，历经岁月沧桑，斑驳漫漶，极具金石韵味。拓于宣纸，古意盎然。加之书法题跋，钤红印，相得益彰。成为难得的集考据、收藏、书法艺术等于一体的赏玩佳品，深受文人喜欢。张廷济等还将古铭文砖制成砖砚，陈设于书斋，除使用外，供文人间把玩、交流。经严福基、冯登府、达受、陈介祺、陆心源、吴大澂等大家步入铭文砖收藏、研究领域，使铭文砖研究达到顶峰。尤其是陆心源，收藏各类铭文砖逾千品，编成《千甓亭古砖图释》（见图65）。

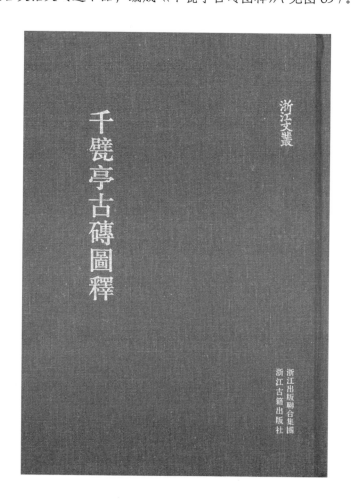

图65　陆心源编《千甓亭古砖图释》封面。

嘉善铭文砖收藏，较早者为查世璜，热衷于收藏汉晋铭文砖，并名其书斋曰"汉晋砖砚室"。稍晚的钱启锟，喜金石，任归安县学教谕时，与陆心源、沈秉成、钮养仙游，曾藏汉晋砖百余品。仁和篆刻名家张叔田为其藏汉晋残砖制砚，并刻铭。光绪戊子，由王子良拓印，成《耐楼砚揭》1册，共50页，收录钱氏所藏砖砚25品，并自作序。钱启锟《耐楼砚揭》序中提到，晚清著名藏书家、金石收藏家陆心源曾以古砖相赠。[1] 而《耐楼砚揭》中，收录陆氏所赠古砖两品："五凤三年""天玺元年"铭文砖。钱氏将"五凤三年"砖制砚，陆氏为之作砚铭："欲造五凤楼，须凭五凤砚。下笔即成文，韩泊今再见——潜园赠并题。"（见图 66、图 67）《耐楼砚揭》成为嘉善人收藏古代铭文砖较早的藏品集。民国时期，嘉善名士张天方，醉心考古，喜好金石，收藏古铭文砖颇多，惜未流传下来。

以上所记古代铭文砖收藏家、研究者，所涉大多为墓砖。嘉善是窑乡，文化底蕴深厚。元代至民国时期，构筑私家花园之风盛行。园主往往在作为花园建筑材料之一的砖上模印上园主姓氏、志趣爱好等信息。另外，明嘉靖三十四年（1555），为抵御倭寇入侵，嘉善修建城墙，经明、清两代多次修筑，所用城砖为本地烧制。部分城砖印有烧制城砖的窑户商号及出资、捐资修建城砖的士绅姓名、字号等信息，是研究嘉善城墙修建史的珍贵实物。

1　清代《耐楼砚揭》稿本"钱启锟序"。

图66 陆心源赠
钱启锟"五凤三
年"铭文砖拓片
（拾遗阁藏）。

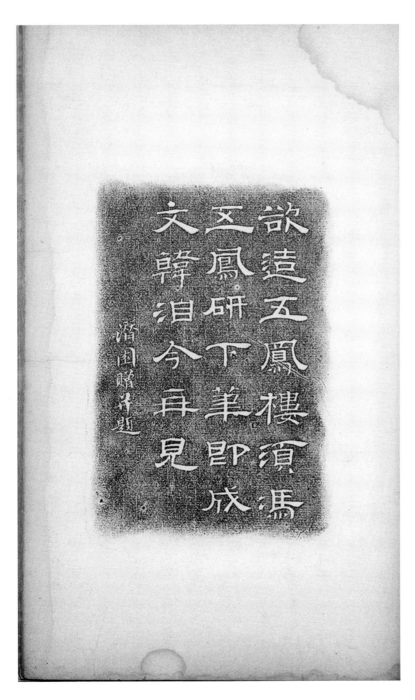

图67 陆心源
"五凤三年"铭
文砖砚跋拓片
（拾遗阁藏）。

然而，对于窑乡嘉善，尤其是干窑发现、烧制的铭文砖，历代的关注者甚少，也从未纳入文人收藏之领域，更未见相关研究文字，干窑古代铭文砖研究处于空白。这一情况的改变始于嘉善西门外一潘姓老人。20 世纪 50 年代，随着冷兵器时代结束，嘉善城墙逐渐颓废。这位潘先生发现少量城砖上有铭文，敏锐地认识到城砖是嘉善历史的见证物，其曾历经战火，护一方百姓平安，于是开始收集铭文清晰的城砖。进入 21 世纪，老人离世后，其收藏的城砖流至嘉兴，无意间被笔者发现，引发笔者兴趣，遂购归，也开启笔者对嘉善铭文砖收藏与研究的历程。这期间，嘉善旧城改造，为铭文砖进入人们视线提供了可能，干窑董纪法先生抓住机遇，也将嘉善城砖等古铭文砖纳入其收藏范畴，并带动多位藏家关注、收藏，这成为嘉善古铭文砖收藏的发端。

干窑铭文砖，指在干窑境内发现或烧制的铭文砖。嘉善铭文砖，也以干窑烧制为多。干窑镇政府对窑文化的挖掘、传承与保护，极大地推动了干窑铭文砖的研究、鉴赏。铭文砖的鉴赏重在对发现地、铭文、书法风格等进行研究，以还原铭文砖的历史价值、社会价值、艺术价值等。干窑铭文砖鉴赏分为城砖鉴赏、其他铭文砖鉴赏两部分。

干窑出城砖鉴赏

城墙，是抵御外来入侵、保护当地百姓免受侵扰的军事建筑。城砖，即用于修筑城墙的砖。干窑出城砖，指在干窑区域发现或烧制的城砖，分为嘉善城砖和周边市县城砖两部分。

从已发现实物来看，干窑区域除各时期嘉善城砖外，还有周边城市的城砖。可见周边城市的城砖，也有部分是在干窑区域烧制。城墙是军用设施，朝廷对城砖的质量要求非常高，有着严密的验收和追责制度，要求"物勒工名"，即做成器物后，要刻上工匠名字，如果出现质量问题，则追究其责任。城砖如出现质量问题，窑户也要受到重罚。干窑窑户能承办城砖的烧制任务，可见在明清时期，干窑砖瓦烧制技术已相当成熟，并在周边区域有一定的知名度。

明嘉靖三十四年（1555），嘉善建成城墙。万历《嘉善县志》记载嘉善城的规模及费用："（周围）一千七百八十五丈六尺，约八里。高二丈三尺五寸，厚二丈二尺，为雉二千六百六十四。濠周于城，阔六丈。占地三百五十三亩。通县包补粮一百二十七石七斗，用银三万五千八百五十六两九钱。其二万两出自公帑，其余照丁田派征诸民，以助役。"[1]如此规模县城，用砖无数。又据《纪事本末》记载："雍正十年……善邑建立城池、衙宇、仓库……烧窑取土历久，田成水荡。"[2]可见城池的建造，由嘉善当地窑户取土烧制。于是，干窑、张泾汇等窑乡负担起烧制城砖的任务。从现存城砖可以看出，只有极少数城砖上印有铭文。烧制城砖时，由负责修建城墙的官员监督，每个窑户承烧的城砖中，部分砖上必须按规定印有窑户或出资、捐资建城墙士绅的名号。当时有铭文的城砖数量极少，加之历经岁月已所剩无几，能留存至今的更是凤毛麟角，弥足珍贵。而这些窑户或士绅的信息，历代县志未见载入，却因藏家对铭文城砖的关注、搜求及收藏，在经历数百年后仍得以保存下来，成为研究嘉善建城史、窑业史的珍贵实物。

除了对嘉善城砖的鉴赏外，本部分还介绍了干窑区域发现的嘉善周边城市的城砖。这里所涉及的周边城市的大部分城墙早已被拆除，有些未留下有铭文的城砖，这对数百年来生活在城墙内外的居民而言是非常遗憾的。而干窑的旧城改造、老窑址拆除等，则使得这些城市的城砖被发现。数百年前，干窑烧制的城砖保卫着这些城市；数百年后，留在干窑的城砖为这些城市找回了失去的关于城墙、关于城市的记忆，其价值不言而喻。

1　江峰青纂修：清光绪二十年《嘉善县志》卷二"区域志二""城池"。

2　江峰青纂修：清光绪二十年《嘉善县志》卷十"食货志二""土田附屯田、嵌田"。

图 68　干窑域内废弃的窑墩（全身强摄于2022年）。

对城砖的鉴赏，为的是以实物佐证历史，为干窑窑文化中的铭文砖文化研究提供理论及实物支撑。

（一）干窑出嘉善城砖鉴赏

嘉善城修建于明嘉靖三十四年（1555），拆除于20世纪50年代，在嘉善存在了400年左右。民国以前，由于城墙是军用设施，有一套严密的保护措施，屡毁屡修。城墙上的古砖更无人敢私自盗用。抗战时期，嘉善部分城墙被日寇炸毁。20世纪50年代才开始逐步被拆除。直至今日，嘉善城墙只剩下50多米（见图69）。多年来，笔者经过查阅相关资料、采访当事人、实地考察等了解到，城墙拆除期间，城砖大致有三个去向：一是用于修建县城周围民宅；二是卖往各乡村作百姓建房之用；三是敲碎后作为道路、房屋地基。城砖比通常建房所用的 85 砖等大得多，且各时期城砖尺寸不一，因此使用时往往对砖进行切割，故而现在我们见到的城砖，很多已是残砖。而经过民居重建、旧城改造、城乡一体化发展等，这些再次使用的嘉善城砖，最终退出了历史舞台，消失在推土机下。被藏家抢救下来的各时期有铭文的嘉善城砖，其数量，可称珍稀。

干窑辖内发现的有铭文的嘉善城砖，大部分是负责定烧城砖的窑户完成上缴任务后，将多余或残损的城砖留在当地使用，从而得以保存下来。

这些有铭文的城砖，是嘉善县城的缩影，其价值难以估量。许多重大历史事件发生于县城内；许多名人先贤，居住于城墙内；嘉善最繁华的商贸集市，遍布县城内外。嘉善百姓的安全感，也很大程度上源自城墙的修建。那些为修建城墙出资、捐资的地方乡绅，还有为修建城墙烧制砖瓦的窑乡

图 69　嘉善残存古城墙（金身强摄于 2018 年）。

人，都值得后人铭记。

对干窑烧制嘉善城砖的解读，是历史赋予的使命。

明代"修城公用"铭文砖 泥质灰陶。长 34.6 厘米，宽 17.6 厘米，厚 8.8 厘米。干窑镇黎明村秦家汇出（见图70）。

此砖以干窑当地青紫泥加黄泥制坯，胎质细腻，形制规整。砖侧面模印"修城公用"4 个大字。模印，即印文刻于城砖坯模一侧，与城砖坯一次压制成型。印文阴文楷书。书法内紧外松，厚重大气，与宋代苏轼、明代沈周等风格相类。观其铭文"修城公用"4 字，可确定是修建城墙之用。但并非如南京、苏州等处城砖，注明烧制时间、地点、监督官员、出资捐资修城者姓名、烧砖窑户、商号名称等。此砖上，还未体现窑户的问责制度。砖上重点表达的是，此砖专供修建城墙之用，不可挪用他处。同期，嘉善还出现印有出资、捐资修建城墙者姓名的砖，是问责制度的另一种体现。

明代中期，嘉善出现的铭文砖，很多大字模印，因而印面较模糊。此砖印面较清晰，非常难得。关于城砖，通常烧制年代越久，尺寸越大且越厚重。此砖对比清代嘉善城砖，尺寸略大且厚，坯泥中加入黄泥。2016 年，笔者在今罗星街道兴贤路南，原南城墙位置也发现与此砖形制、铭文相同的城砖，可作为将此砖定为明代嘉善城砖的又一佐证。拾遗阁藏。

图 70　明代"修
城公用"铭文砖
（拾遗阁摄）。

图 71　明代"修城公用"铭文砖拓片。

明代"朱淦如"铭文砖　泥质灰陶。残长 20 厘米，宽 21.86 厘米，厚 8.2 厘米。干窑镇黎明村秦家汇出（见图 72、图 73）。

此砖以干窑当地青紫泥制坯，胎质细腻，形制规整。砖侧面戳印"朱淦如"字样。由于年代久远，印面较模糊。印文楷书，书法端庄俊秀。印面带框。

与此砖同时发现的有胎质、形制相同的无铭文完整砖。又对比魏塘、罗星两街道发现的明代中期嘉善城砖，胎质、形制、尺寸、戳印形式等相同。此砖可定为明代中期嘉善城砖。

印面铭文"朱淦如"，应是人名。根据各地发现明代城砖惯例，在砖上印有烧制时间、地点、监督官员、出资修城者姓名、烧砖窑户、商号名称等铭文。修建城墙的监督官，会写上官职名称。可见朱氏不是修建城墙的监督官。如果是窑户名字，也会在姓名前加"窑户"两字，以明确身份。所以朱氏也不是窑户名。据史料记载，明代嘉靖三十四年建成的嘉善城墙，用银三万五千八百五十六两九钱。其二万两出自公帑，其余照丁田派征诸民，以助役。这"派征诸民"，主要是持有大量田地的地方士绅出资。这位朱淦如，可能是众多出资人之一，也可能是自发捐资建城墙的乡绅姓名。由于缺乏相关史料，未找到朱淦如的简介。而朱淦如的名字，终因出资建嘉善城墙而流传下来。此砖是明代嘉善修城问责制度的体现。拾遗阁藏。

图 72　明代"朱淦如"铭文砖（拾遗阁摄）。

窑火凝珍

干窑窑业精品鉴赏

图73 明代"朱
淦如"铭文砖拓
片。

清代"嘉善县 道光庚子年定 城砖鲍合兴货"铭文砖 泥质灰陶。长 33 厘米，宽 19 厘米，厚 7 厘米。干窑镇黎明村陶庄水浜出（见图 74、图 75）。

此砖以干窑当地青紫泥制坯，胎质细腻，形制规整。砖侧面戳印"嘉善县 道光庚子年定 城砖鲍合兴货"字样。戳印清晰，阴文楷书，端庄秀雅。戳印有框，分上下两部分。上部有"嘉善县"3 字；下部有"道光庚子年定 城砖鲍合兴货"，两行，行存 6 字。道光庚子，即 1840 年。"鲍合兴"，干窑窑户商号名。鲍氏是干窑望族，清代至民国时期从事窑业，有"鲍合兴""鲍仁兴"等商号。所属窑墩位于干窑镇黎明村陶庄水浜。至今鲍氏后人仍居住在清代建筑鲍宅内。此城砖是嘉善修城墙时由鲍合兴烧制。

道光庚子，鸦片战争爆发。嘉善作为沿海周边城市，为抵御外寇入侵，对县内城墙进行修缮和加固。嘉善建城以来，县志对城墙历次修缮做了记录，唯独道光庚子年这次修建县志未记载。所以这些保存下来的城砖，成为这段历史最有力的见证。从保存下来的城砖实物看，此次城墙的修建，负责提供城砖的商号还有干窑鲍仁兴、戴成兴等。此砖戳印下有黄色粉笔写"7"字，是嘉善最早城砖收藏者潘先生书写的编号。拾遗阁藏。

图 74 清代"嘉
善县 道光庚子
年定 城砖鲍合兴
货"铭文砖（拾
遗阁摄）。

图75 清代"嘉善县定城砖鲍合兴货"铭文砖拓片。道光庚子年

清代"道光庚子嘉善 城砖戴成兴造"铭文砖 泥质灰陶。残长 22.5 厘米，宽 19 厘米，厚 6.5 厘米。干窑镇黎明村戴家湾出（见图 76、图 77）。

此砖以干窑当地青紫泥加黄泥制坯，胎质细腻，形制规整。砖侧面模印"道光庚子嘉善 城砖戴成兴造"字样。印无框，两行，行存 5 字，上部缺"道""城"两字，其余文字较清晰，是模印时用力偏下所致。阴文楷书，端庄秀雅。道光庚子，即 1840 年。"戴成兴"是干窑望族戴氏所经营窑业商号之一，窑址位于干窑镇黎明村戴家湾，北临北关桥，水路交通便捷。今尚留有清末民初所建窑墩两座，名戴大窑、戴小窑，是县级文物保护单位。

此砖烧制时间，正值鸦片战争爆发。这一时期嘉善为抵御外寇入侵修建城墙而烧制此城砖。此砖也成为这段历史最有力的见证物。拾遗阁藏。

图 76 清代"道光庚子嘉善城砖戴成兴造"铭文砖(拾遗阁摄)。

图 77 清代"道
光庚子嘉善城砖
戴成兴造"铭文
砖拓片。

清代"嘉善城砖"铭文砖 泥质灰陶。长 32 厘米，宽 19.5 厘米，厚 5.5 厘米。干窑镇黎明村陶庄水浜出（见图 78、图 79）。

此砖以干窑当地青紫泥制坯，胎质细腻，形制规整。砖侧面戳印"嘉善城砖"4 字。印面阴文仿宋体。字的刻画稍显软弱。此砖尺寸较道光庚子年烧制的城砖短且薄。铭文中无烧制年代、窑户商号及姓名等。由此可见，此砖烧制于晚清时期。该时期清王朝满目疮痍、江河日下，朝廷已无财力烧制大尺寸、高质量的城砖，更无暇落实对窑户烧制城砖的问责制度。只要求窑户在砖上标明用途为"嘉善城砖"即可。因此，此城砖所包含的信息极为有限，但作为晚清时期嘉善城砖的代表之作，值得收藏以作进一步研究。拾遗阁藏。

图78 清代"嘉
善城砖"铭文砖
（拾遗阁摄）。

图 79 清代"嘉
善城砖"铭文砖
拓片。

（二）干窑出周边城市城砖鉴赏

周边城市城砖，此处特指在干窑区域内发现或烧制的嘉善周边城市的城墙用砖。干窑是著名的窑乡，清代中期，上海等周边城市的发展，使得砖瓦需求激增。干窑抓住机遇，窑业发展迅速。尤其是鸦片战争以后，各城市纷纷修筑城墙，以抵御外辱。窑乡干窑成为订购修建城墙用砖的首选。

这些散落于干窑各处的其他城市的城砖，是负责定烧城砖的窑户完成上缴任务后，将多余或残损的城砖留在当地，故而得以保存下来。通过对干窑辖内发现、烧制的周边城市的城墙砖的鉴赏，可以了解周边城市的文化特征、对窑户问责制落实情况等，为研究周边城市发展史提供实物资料，以补充史料之不足。

清代"松江府青浦县城砖 道光二十二年分 董事张起鲲值"铭文砖 泥质灰陶。长 35 厘米，宽 17 厘米，厚 7 厘米。干窑镇黎明村新桥村出（见图 80、图 81）。

此砖以干窑当地青紫泥制坯，胎质细腻，形制规整。砖侧面戳印"松江府青浦县城砖 道光二十二年分 董事张起鲲值"字样。印面阴文楷书。刻印精良。道光年间，青浦县属松江府管辖。清道光二十年鸦片战争爆发，为抵御外辱，保护百姓，两年后，青浦县修建城墙。据光绪《青浦县志》卷三"城池"篇记载："道光二十二年，青浦重建南门月城、东南城垛五十四丈、城脚筑石岸七十四丈、重铺城面四十五丈。"[1] 此次修城，从城砖铭文中可知，青浦县成立董事会，由董事轮流负责城砖的订购和施工。负责此批城砖烧制的，是名为张起鲲的董事。这段史料，可与光绪《青浦县志》卷三"城池"篇内容互为补充。

此砖在干窑发现，证明清代道光年间青浦曾向嘉善干窑订购修城用砖。如今，青浦、嘉善都处于长三角生态绿色一体化发展示范区内，此砖的发现，见证了180年前青浦城砖在嘉善烧制的这段历史，是非常珍贵的干窑窑文化实物。拾遗阁藏。

1　汪祖绶纂修：光绪五年《青浦县志》卷三"城池"，尊经阁藏版。

图80 清代"松
江府青浦县城
砖 道光二十二
年分 董事张起
鲲值"铭文砖
（拾遗阁摄）。

图 81 清代"松江府青浦县城砖 道光二十二年分 董事张起鲲值"铭文砖拓片。

101

清代"道光甲辰嘉郡秀邑城砖"铭文砖 泥质灰陶。长35厘米，宽20厘米，厚5.5厘米。干窑镇黎明村戴家湾出（见图82、图83）。

此砖以干窑当地青紫泥制坯，胎质细腻，形制规整。砖侧面戳印"道光甲辰嘉郡秀邑城砖"字样。印面阳文仿宋体。"道光甲辰"即道光二十四年（1844），鸦片战争4年后，清政府面临内忧外患，开始走向衰败。"嘉郡秀邑"，指嘉兴府秀水县。明宣德五年（1430），今嘉兴县西北方向为秀水县，明清时期隶属嘉兴府管辖，与嘉兴府、嘉兴县同城。道光二十二年，英国军队入侵乍浦。两年后，嘉兴府秀水县修筑城墙，以抵御外辱。此城砖是这段历史的见证物，非常珍贵。

此城砖在干窑镇戴家湾发现。清代戴家湾窑业兴盛，至今还留有戴大窑、戴小窑等窑墩。此砖出于该区域，证明清道光年间，干窑已承接周边城市城砖的烧制任务。拾遗阁藏。

图 82 清代"道
光甲辰嘉郡秀邑
城砖"铭文砖
(拾遗阁摄)。

图83 清代"道
光甲辰嘉郡秀邑
城砖"铭文砖拓
片。

清代"昆山县砖窑户许岩英造"铭文砖 泥质灰陶。长 33 厘米，宽 16.5 厘米，厚 6.5 厘米。干窑镇干窑村出（见图 84）。

此砖以干窑当地青紫泥制坯，胎质细腻，形制规整。砖侧面戳印"昆山县砖窑户许岩英造"字样。印面阴文仿宋体。有框。铭文分上下两部分，上部为"昆山县砖"；下部为"窑户许岩英造"，两行，行存 3 字。昆山县清代属苏州府，雍正三年（1725），分昆山县西北部设立新阳县，两县同城分治，此城即昆山县城。此砖观其尺寸、形制等，应烧制于清中期。窑户许岩英，由于年代久远，缺乏相关资料，已无从查考。昆山锦溪，清代时窑业兴盛，此砖是否由锦溪窑户许岩英承接，委托干窑烧制，有待进一步考证。许岩英也可能是清代干窑窑户名，但可以肯定的是，此砖是干窑烧制周边城市城砖的又一有力证据。此砖铭文，是朝廷对修建城墙窑户问责制度的反映。拾遗阁藏。

图 84　清代"昆山县砖窑户许岩英造"铭文砖（拾遗阁摄）。

清代"海宁州城砖"铭文砖　泥质灰陶。长 27 厘米，宽 15 厘米，厚 5 厘米。干窑镇黎明村出（见图 85、图 86）。

此砖以干窑当地青紫泥制坯，胎质细腻，形制规整。砖侧面戳印"海宁州城砖"字样。印面阴文楷书。无边框。"海宁州"，位于今海宁市境内。"海宁州"这一名称在历史上曾出现过两次，元天历二年（1329）改盐官州为海宁州。明洪武二年（1369）降为海宁县，属杭州府。清乾隆三十八年（1773）复升为州。民国元年（1912）改州为县。对照文献，此砖如烧制于元代，尺寸较大，文字风格粗犷，明显与此砖不符。故此砖烧制年代可定为清乾隆三十八年后、民国前。观此砖尺寸、形制，应烧制于清代中期。海宁州城在盐官，始建于唐永徽六年（655），如今盐官古镇的基本格局延续自元至正十九年（1359）重修的海宁州城，现存北拱辰水城门及盐官古城墙，为清代修建。古城墙上尚留有与此砖相同的城砖。

此"海宁州城砖"铭文砖在干窑已发现近 10 块，相同尺寸无铭文砖更多，是清代干窑烧制海宁州城砖的有力证据。拾遗阁藏。

图 85 清代"海
宁州城砖"铭文
砖（拾遗阁摄）。

图 86　清代"海宁州城砖"铭文砖拓片。

干窑出其他铭文砖鉴赏

干窑出铭文砖，此处特指除京砖、城砖以外，在干窑辖内发现、烧制的有铭文的古砖，包括寺庙、私家花园、书斋等建筑用砖。

古砖包含的信息非常丰富，与石刻文字有异曲同工之妙。自宋代开始作为证经补史的金石学发展到清代，无论是在旧有规模的继承，还是在新领域上的拓展，都取得重大成就。并将金石学研究推向又一高峰。文人、学者不惜重金搜求残断剥蚀的铭文砖，进行考证研究，并结集出版。

铭文砖的鉴赏，是件非常有乐趣的事。铭文砖的征集过程，本身就是对历史探知的过程，充满惊喜与愉悦。再通过对其来源、用途、书法艺术等的研究，对比文献，互为订正，探寻铭文砖的前世今生，挖掘其背后的历史故事，确实有特殊的意义。尤其对窑乡干窑辖内发现、烧制的铭文砖的研究，更令人着迷，欲罢不能。

干窑出铭文砖，大多用于地面建筑。这和国内许多铭文砖研究者收藏古墓砖不同，是对以往金石学和古铭文砖研究的一种突破。窑乡的特殊地位，为收藏、研究用于地面建筑的铭文砖提供了可能。干窑出铭文砖，较之其他地区各时期墓砖，文字相对少，大部分不超过 10 字，传达的信息量少，这对研究、鉴赏而言是一种挑战。有部分铭文砖收藏至今，仍未在研究方面有所突破，颇为遗憾。但随着时间的推移，新的资料不断被发现，其神秘面纱必将被一层层揭开，鉴赏过程，其乐无穷。

宋代"景定元年"铭文砖　泥质灰陶。残长 32 厘米，宽 19 厘米，厚 8 厘米。干窑镇长生村出（见图 87、图 88）。

此砖以干窑当地青紫泥制坯，胎质细腻，形制规整。砖侧面模印"景定元"字样，阳文行楷。"年"字因模印时用力不匀，字迹模糊不可辨。该铭文砖书法结字开张，无拘无束，线条劲挺，古朴刚健。应为民间工匠书写，别有意趣。"景定"，是南宋理宗赵昀第八个年号，共使用 5 年。"景定元年"，即 1260 年。古砖上出现"景定元年"纪年，在国内也极为罕见。据现有资料，除此砖外，只有北京古城墙遗址上曾发现"景定元年造御备砖"铭文砖。可见此砖珍稀程度。

"景定元年"铭文砖，是嘉善辖内发现至今最早纪年砖，共有两块。在魏塘街道旧城改造现场发现 1 块，与宋代泗洲塔用砖"大圣塔砖"铭文形制有相似之处。2018 年，干窑长生村大圣寺遗址又发现相同铭文砖，同时出现有数枚形制、尺寸相同的古砖。这一发现，得出两个结论：一是此砖为建于唐贞观十三年（639）大圣寺在宋代景定元年重修时用砖；二是此砖为宋代干窑境内烧制，用于魏塘某个建筑。比照宋淳熙十四年用于修建魏塘泗洲塔的"大圣塔砖"铭文砖，年代接近，风格相似。"大圣塔砖"铭文砖虽未在干窑区域出现，但有干窑区域烧制的可能，待考。董纪法旧藏，今藏嘉善县博物馆。

图87 宋代"景定元年"铭文砖（拾遗阁摄）。

图 88　宋代"景定元年"铭文砖拓片。

明代"信官张本施"铭文砖 泥质灰陶。长 33.5 厘米，宽 17 厘米，厚 7 厘米。干窑镇干窑村出（见图 89、图 90）。

此砖以干窑当地青紫泥制坯，胎质细腻，形制规整。砖侧面模印"信官张本施"字样，铭文自上而下书写。阳文楷书。书法结体端正，笔画深沉浑厚。历经岁月，剥蚀漫漶，但尚能辨识。"信官"，一般是信佛官员祷神时表示虔诚的自称。"张本"是这位信佛官员的姓名。"施"，即施舍、捐献。"信官张本施"，即信佛的官员张本捐赠之意。此砖出于干窑镇干窑村龙庄浜东，共发现数块。此砖发现地位于今龙庄讲寺东侧。观其尺寸、形制，当为明代古砖。龙庄讲寺，旧名"龙庄庵""龙庄禅院"。据光绪《嘉善县志》记载："龙庄庵在治北干窑镇包家圩龙庄浜。明成化二年建。国朝康熙四年僧御宾募建大殿。"[1] 从此砖发现地及烧制年代、铭文内容等，将此砖初定为明代成化二年建龙庄庵时信官张本捐资烧制。关于这位信官张本，因缺乏相关文献记载，待考。拾遗阁藏。

---

1 江峰青纂修：清光绪二十年《嘉善县志》卷六"建置志下""寺观·龙庄庵"条。

图 89 明代"信官张本施"铭文砖（拾遗阁摄）。

干窑窑业精品鉴赏

图90　明代"信
官张本施"铭文
砖拓片。

明代"西湖南高峰宝塔砖"铭文砖　泥质灰陶。长 32 厘米，宽 18 厘米，厚 10 厘米。干窑镇出（见图 91、图 92、图 93、图 94）。

此砖以干窑当地青紫泥制坯，胎质细腻，形制规整。砖侧面模印"西湖南高峰宝塔砖"字样，铭文自右至左书写。阳文楷书。书法秀美，刻印精致，笔画提按顿挫俱显。西湖南高峰宝塔，即南高峰塔，位于杭州市西湖区翁家山村南高峰峰顶。据南宋《临安志》记载，南高峰塔始建于后晋天福年间。元末及明万历年间遭受两次较大毁坏，明末仅存三级，清至民国尚存一级。2017 年 1~6 月，杭州市文物考古研究所对南高峰塔遗址进行了考古发掘，出土塔砖等建筑构件。其中"僧联宗传慧仝喜助南高峰宝塔砖"铭文砖侧面印有"西湖南高峰宝塔砖"，尺寸、形制、书法与干窑出"西湖南高峰宝塔砖"铭文砖相同。可见两砖烧制于同一时期。据《中华佛教人物大辞典》记载，传慧，明代僧人，宁波人，生活于明中晚期。此砖烧制年代也应在明中晚期。此砖在干窑发现，是否干窑区域烧制，待考。董纪法旧藏。

图91 明代"西
湖南高峰宝塔
砖"铭文砖(江
春辉摄)。

图92 明代"西
湖南高峰宝塔
砖"铭文砖拓
片。

118

图93 明代"僧联宗传慧仝喜助南高峰宝塔砖"铭文砖（图片得自杭州南宋官窑博物馆）。

图94 明代"僧联宗传慧仝喜助南高峰宝塔砖"铭文砖拓片（图片得自杭州南宋官窑博物馆）。

清代"晚翠轩张"铭文砖　泥质灰陶。长 29 厘米，宽 17.3 厘米，厚 4.8 厘米。干窑镇干窑村乌桥头西出（见图 95、图 96）。

　　此砖以干窑当地青紫泥制坯，胎质细腻，形制规整。砖侧面模印"晚翠轩张"字样。铭文自上而下，无框，阴文楷书。书法秀劲，字口清晰，刻印俱佳。"晚翠轩"，清乾隆年间张正鉴修建。据光绪《嘉善县志》记载："张正鉴字振声，号晚翠。国子生，考授州吏目……乾隆壬戌，葺晚翠轩以娱亲课子。生平重然诺，乐周人急，如同善会、计平粜诸义举，无不首先以倡。乙亥、丙子连岁饥荒，邻里之贫乏者，按户给米，人咸德焉。"[1] 可见晚翠轩主人张正鉴是位乐善好施的乡贤。清代金石学中兴，文人、士绅在建造私家花园、书斋等时，效仿古人于墓砖上刻铭文的风气，将书斋名、家族堂号等刻在建筑用砖上，以期建筑、铭文与坚如金石的古砖一起，传千秋万世。"晚翠轩张"铭文砖观其尺寸、形制，当为清代古砖，或为干窑烧制，是清代嘉善区域金石学盛行的产物。拾遗阁藏。

1　江峰青纂修：清光绪二十年《嘉善县志》卷二十三"人物志五""张正鉴"条。

图 95 清代"晚翠轩张"铭文砖（拾遗阁摄）。

图96 清代"晚
翠轩张"铭文砖
拓片。

清代"徽宁会馆墙砖"铭文砖　泥质灰陶。长30厘米，宽15厘米，厚7厘米。干窑镇干窑村出（见图97、图98）。

此砖以干窑当地青紫泥制坯，胎质细腻，形制规整。砖侧面戳印"徽宁会馆墙砖"字样。铭文自右至左书写。阳文楷书。书法端庄秀美。字模刻工较好，戳印时用力不均，"徽"字较浅，但尚能辨认。清乾隆年间徽商遍布江浙各地。徽宁会馆系安徽徽州、宁国商人集资所建的同乡会馆。"墙砖"，即界墙用砖，是徽宁会馆与相邻建筑分界的墙壁。查阅史料，清代，嘉善辖内无徽宁会馆存在。嘉善周边地区上海小南门外及苏州盛泽镇建有徽宁会馆，但欲考证此砖砌于何地徽宁会馆界墙，因缺乏文献记载，已无从得知。此砖在国内其他地方尚未发现，可见存世数量极少。此砖在干窑发现，用干窑当地坯泥烧制，是研究徽商文化的重要实物。拾遗阁藏。

图97　清代"徽宁会馆墙砖"铭文砖（拾遗阁摄）。

图98 清代"徽宁会馆墙砖"铭文砖拓片。

清代"书堂"铭文砖 泥质灰陶。长28厘米，宽17厘米，厚5.5厘米。干窑镇长生村让巷自然村出（见图99）。

此砖以干窑当地青紫泥制坯，胎质细腻，形制规整。砖侧面戳印"书堂"两字。带框，阳文楷书。书法端正，刻印俱佳。"书堂"，古代指学堂或书斋。此砖出让巷钱氏旧宅。干窑钱氏是当地望族，清道光年间首富钱仲樵，建有住宅，规模较大，部分建筑尚存。临河建有河埠及钱氏船坞，钱氏船坞现为省级文物保护单位。此"书堂"铭文砖，或为钱氏所办学堂和书斋用砖，待考。观其尺寸、形制，应烧制于晚清时期，是干窑区域清代教育文化实物。董纪法旧藏。

图 99　清代"书
堂"铭文砖（杭
斌军摄）。

125

干窑砖雕鉴赏

砖雕，被称为"刀尖上的艺术"，源于东周时期瓦当、汉代画像砖等。[1] 用印模压印或用凿和木槌在水磨青砖上雕琢出各种图案，如花卉、人物、走兽、风景、文字等，技法多样，有线刻、浮雕、圆雕、透雕和堆塑等。

砖雕最早用于装饰墓室，后用于装饰住宅、寺庙、园林、宫殿等，出现在建筑门楼、门罩、八字影壁、梁架、斗拱等构件上。清代钱泳《履园丛话》载："大厅前必有门楼，砖上雕刻人马戏文，玲珑剔透。"砖雕艺术作为民间建筑艺术中不可分割的部分，体现了人们对美好生活的向往，对艺术不懈的追求，成为我国工艺美术史上璀璨的明珠。

砖雕流派纷呈，嘉善区域出现的砖雕，属苏式砖雕范畴。整体风格以秀丽儒雅为特征。明代砖雕朴素、大气。清代特别是康、乾时期，题材更为广泛，技法更为丰富，形成精细典雅的艺术风格。

干窑集镇形成于明代万历年间。进入清代，干窑窑业发展已进入繁荣期，制作的京砖质量上乘，已符合砖雕用料的要求。干窑工匠勤劳聪慧，引进苏式砖雕技艺，加之魏塘、西塘、干窑等集镇扩建，士商云集。经济上的富足催生了奢靡之风，经商者更希望通过文化的展示以及风雅的生活来弥补社会地位的不足，而不惜工本构造亭台楼阁，以彰显自己

1　叶志明：《刀尖上的艺术》，苏州大学出版社，2016，第 14 页。

图 100 嘉善辖内砖雕门楼（摘自《嘉善县城历史建筑影像集》）。

的身份地位。与此同时，清代隐逸文化也为私家园林的构建提供了文化背景。在仕途上遭遇挫折，一些文人士子往往采取隐居的方式，既想寄情山水，又舍不得城市的繁华，于是城市中的私家园林变为隐逸首选。这在作为装饰建筑的砖雕艺术中得到较好体现。

干窑镇的繁荣期是在清代民国时期。窑户人家在构筑私家院落时，砖雕与木雕成为重要的装饰构件。然而由于历史变迁，干窑建筑中的砖雕历经磨难，十不存一。留存至今的精品砖雕，随着国内砖雕收藏的兴起，其艺术价值被不断挖掘，经济价值也随之提升，于是干窑区域许多精品砖雕与其他地方一样，被人为拆除后转卖他处。如今，在清末民国时期的建筑上只能见到花草纹等简单砖雕，且已破败不堪。

砖雕实物的匮乏，给干窑砖雕的鉴赏带来难度。所幸，干窑窑文化推动者董纪法先生独具慧眼，于干窑各处破败、倒塌的建筑中，将一些清代、民国时期的砖雕抢救性保护下来，其中不乏精品之作，使我们还能一睹干窑砖雕真面目，也为干窑砖雕的鉴赏提供了可能。

干窑砖雕鉴赏，分为窑前塑、窑后雕两部分。本书试着对砖雕用料、制作工艺、纹饰内容、艺术风格等进行解读，以判定其制作年代、用途等。

窑前塑砖雕鉴赏

窑前塑，指在砖坯上塑与雕，再入窑烧制的技艺，以汉代"阴模压印"为代表，呈现出线条凸于平面，如浮雕状态。干窑砖雕窑前塑，指在砖坯上塑成人物、花卉等图案，再入窑烧制的技艺。

窑前塑在烧制过程中，土坯受热会膨胀，有变形的情况，影响质量，且砖的颜色也难以掌握，画面大小、颜色无法统一。但因其制作便捷，成本较低，故深受普通人家欢迎。

清代"双狮戏绣球"纹砖雕　泥质灰陶。长 32 厘米，宽 21 厘米，厚 11 厘米。干窑镇河东街出（见图 101）。

狮子戏绣球是传统民俗纹饰，起源于何时，已无从查考。相传狮为百兽之王，是权力与威严的象征。狮子戏绣球，画面喜庆生动，寓意驱灾祈福、风调雨顺。常用于我国民俗图案中，制作成砖雕，装饰建筑，可驱灾避祸，保宅主及家人平安吉祥。

此件"双狮戏绣球"纹砖雕曾装饰于砖雕门楼肚兜（方框）处，左右各 1 件。画面双狮分列两侧，体态轻盈，神情可爱，已无清中期以前雄浑壮硕之感。双狮翘望中间一绣球，作戏耍状。场面活泼，富有动感。其制作工艺为窑前塑。先在砖坯上挖出内框，塑好双狮、绣球，放入框内，再烧制定型。此砖雕寓意美好，是干窑晚清时期窑前塑砖雕典型之作。董纪法旧藏。

图 101 清代"双狮戏绣球"纹砖雕（江春辉摄）。

清代"必定如意"纹砖雕 泥质灰陶。长31厘米，宽19厘米，厚12厘米。干窑镇河东街出（见图102、图103）。

"必定如意"纹是我国传统吉祥纹饰。清代常见的吉祥图案，通常会画上一支笔，一柄如意，一锭元宝。以其谐音暗喻"必定如意"，体现纹必有意，意必吉祥。

此件"必定如意"纹砖雕装饰于砖雕门楼肚兜（方框）处，左右各1件。画面中间用彩带系住如意、笔、银锭，下饰六颗乳钉，寓意人丁兴旺，六六大顺，必定如意。此砖雕构思精巧。其制作工艺为窑前塑。先在砖坯上挖出内框，塑如意、笔、银锭，放入框内，再烧制定型。此砖雕寓意美好，寄托百姓对美好生活向往之情，是晚清时期干窑窑前塑砖雕典型之作。董纪法旧藏。

图 102　清代"必定如意"纹砖雕（江春辉摄）。

图 103　清代"必定如意"纹砖雕侧面（江春辉摄）。

清代"五子登科"纹砖雕 泥质灰陶。长 33 厘米，宽 20 厘米，厚 12 厘米。干窑镇河东街出（见图 104、图 105）。

"五子登科"纹是我国传统吉祥纹饰。源自五代后周时期窦禹钧，因教子有方，其五子窦仪、窦俨、窦侃、窦称、窦僖均相继得中进士，号"窦氏五龙"。成语"五子登科"即典出于此。

此件"五子登科"纹砖雕曾装饰于砖雕门楼肚兜（方框）处。画面塑五子，穿官袍系腰带，中间一子手托象征高中的官帽，寓意"五子登科"。此件砖雕除中间人物保存较好，其他四子手俱残。其制作工艺为窑前塑。先在砖坯上挖出内框，塑五子登科，置框内，再烧制定型。此砖雕寓意美好，是科举文化产物。董纪法旧藏。

图 104 清代"五子登科"纹砖雕（江春辉摄）。

图 105　清代"五子登科"纹砖雕侧面（江春辉摄）。

窑后雕砖雕鉴赏

　　窑后雕，指用工具在烧制完成的京砖上雕刻图案的技艺。窑后雕源于宋代，晚明时期趋于成熟，盛行于清代。所用京砖也比通常建筑用砖要求更高。做坯时比普通京砖淘炼次数更多，烧制成的京砖材质更细腻，纯净度、黏合力也更强。这样的砖适合各种雕刻手法，经能工巧匠精雕细刻后，玲珑剔透，人物毫发毕现，成为砖雕精品。

　　干窑出砖雕，属苏派砖雕，多用于门楼，属于檐下装饰。这种装饰的风格均以仿木结构为主，由于木雕门楼易腐，用砖雕仿斗拱、垂柱、挂落等木作装饰构件，具有防火、防盗、防雨的功能，故被广泛运用于建筑之中。其图案丰富，有戏文、人物、花鸟、生活场景等。每一种纹饰都表达了主人社会地位及其对美好生活的憧憬。

　　清代"和合如意"砖雕　泥质灰陶。长 38 厘米，宽 25 厘米，厚 11 厘米。干窑镇河东街出（见图 106）。

　　此砖雕以干窑当地青紫泥加黄泥制坯，胎质细腻。画面山石环抱之中，和合二仙，右侧为手持荷花的寒山，荷花是并蒂莲的意思，荷有"和"意。左侧为拾得，手捧圆盒，是象征"合"之意。"和合"二字有和谐、包容、天下大同的意思，也表现出人们对朋友和合、夫妻和合、生活美满和乐的期盼。拾得身边升起如意云纹，寓意和合如意。

此砖雕用深浮雕技法，画面紧凑，人物线条流畅，有"吴带当风"之感。和合二仙垂发额前，神情嬉笑逗乐，面部圆润饱满，刻画细腻。为清早中期砖雕作品。董纪法旧藏。

图 106　清代"和合如意"砖雕（江春辉摄）。

清代"八大锤大战陆文龙"砖雕　泥质灰陶。长40厘米，宽24厘米，厚10厘米。干窑镇河东街出（见图107）。

此砖雕以干窑当地青紫泥加黄泥制坯，胎质细腻。画面雕6名武将，4名武将举双锤大战右下角握双枪者。左上角一老将观阵。此场景描绘的是宋代抗金故事"八大锤大战陆文龙"。

北宋末期，金兀术领兵侵宋，岳飞率军迎拒于朱仙镇。金兵不敌宋军，兀术调其义子陆文龙前来助战。善使双枪的陆文龙骁勇无敌，岳飞派出严正方、何元庆、岳云、狄雷四员双锤大将，与陆文龙车轮大战，均被击败。后宋营参军王佐断臂诈降金营，见到陆文龙，揭开陆原是潞安州节度使陆登之子的身世。16年前，金兀术攻破潞安，陆登自刎尽忠，陆夫人自缢尽节，兀术把乳娘怀中的陆文龙掳回抚养，认其为义子。陆文龙听后，明白自己的国仇家恨，遂与王佐定计大败金兵，重返故国。

此砖雕圆雕透雕技法运用巧妙，布局紧凑合理，线条粗犷，人物栩栩如生。为清中期作品。董纪法旧藏。

图107　清代"八大锤大战陆文龙"砖雕（江春辉摄）。

138

清代"郾城大捷"砖雕　泥质灰陶。长41厘米，宽25厘米，厚9厘米。干窑镇黎明村出（见图108）。

此砖雕以干窑当地青紫泥加黄泥制坯，胎质细腻。画面上部两侧分别刻有"岳""杨"军旗。中间山石松柏中，有武将5名，骑马手持长枪。正是历史上著名的"郾城大捷"场景。

北宋后期，杨家将之后杨再兴被奸臣所害，落草为寇。在岳飞感召下，尽弃前嫌，与岳飞同心协力征战沙场，杀敌立功。据《宋史》记载，宋绍兴十年七月八日，金国都元帅完颜宗弼入侵郾城，岳飞率军与之大战。岳云在大战中毫不畏惧，数十次在敌阵中冲杀，受伤百余处。岳家军猛将杨再兴为活捉完颜宗弼，单骑冲入敌阵，杀金军将士近百人，自己也身中数十枪，仍战斗不止。后岳飞也率军杀入敌阵，中间长髯将军即岳飞。此战大获全胜，史称"郾城大捷"。此砖雕圆雕透雕技法运用巧妙，布局紧凑合理，线条粗犷，人物栩栩如生。为清中期作品。董纪法旧藏。

图 108 清代"郾城大捷"砖雕（江春辉摄）。

清代"深山采药归"砖雕　泥质灰陶。长33厘米，宽29厘米，厚5.5厘米。干窑镇永兴桥东出（见图109）。

此砖雕以干窑当地青紫泥制坯，胎质细腻。画面描绘的是"深山采药归"场景。框内前景山石，左侧松柏、右上角祥云。中间长髯老者肩搭长锄，挑着药篓，从山中采药归来。左右两侧双鹿环绕，"鹿"与"禄"谐音，寓意吉祥；松柏寓长寿。"深山采药归"是我国传统的题材，"不为良相，便为良医"在传统士大夫文化中成为至理名言，凝聚着传统儒家文化的"仁"这个核心价值。在历史的长河中，带有隐逸成仙的文化基因，上升为慈悲、隐逸、济世、成仙等各种美好意愿。

此件用高浮雕技法，布局合理，画面生动。应为清晚期作品。干窑镇永兴桥东侧原乾元国药店出，是干窑区域中医文化珍贵实物。拾遗阁藏。

图 109　清代"深山采药归"砖雕（拾遗阁摄）。

干窑平瓦鉴赏

平瓦，即黏土平瓦，俗称"洋瓦"。片状，长方形，平面带沟槽，用于覆盖屋面。平瓦在国外已有数百年历史。

1840 年鸦片战争，中国被迫打开国门。上海等地开埠，大规模建造西式建筑，平瓦也开始被引入我国。最初平瓦生产的核心技术掌握在外国人手里，因此外国公司垄断了平瓦市场。

清末时期洋务运动兴办了一批近代民用工业。但平瓦的生产技术仍掌握在外国人手中。辛亥革命前后，民族资本主义蓬勃发展。"抵制外货""发展实业""实业救国"的口号成为各阶层人民爱国的共同愿望。

这一时期，干窑砖瓦业亦随着沪杭苏宁等大城市的发展而进入鼎盛期，动力机器被运用到窑业生产中，其标志性成果，即民国 7 年（1918）陶新机制平瓦厂引进国外技术，运用动力机器制作平瓦。而该厂生产的第一张机制平瓦，打破了外国人的垄断，成为第一张由中国人自主生产的机制平瓦（见图 110）。

陶新机制平瓦厂的成功创办，影响了干窑的窑业发展方向。而后干窑地区其他机制平瓦厂相继开办，其中最为著名的是干窑乡绅戴耀等发起创办的泰山砖瓦股份有限公司，干窑窑业也随之进入鼎盛期。新中国成立后，浙江省砖瓦一厂落户干窑，成为浙江最大的平瓦生产基地，为新中国的建设作出重大贡献。

图 110　陶新砖瓦厂（陶新机制平瓦厂）旧址（金天麟摄于 2005 年）。

　　干窑的平瓦生产史，是嘉善民族工业发展的缩影。然而，随着旧城改造，城市有机更新，昔日瓦盖天下的平瓦已逐渐退出历史舞台。尤其是民国时期生产的平瓦，被当作建筑垃圾处理，如今已难觅踪迹。所幸，干窑郁建强先生出于对家乡的热爱，关注民国时期干窑生产的机制平瓦，历经艰辛，收集各类机制平瓦数百种，也使我们能一睹干窑各时期、各窑厂生产的机制平瓦，从而为鉴赏机制平瓦提供了实物资料。对机制平瓦的鉴赏，除涉及其功能、生产技艺外，更重要的是对平瓦生产厂家及平瓦上文字、商标图案等的解读，以期反映干窑生产平瓦的地域特色和时代特色。

　　民国时期"陶新砖瓦厂"产机制平瓦　泥质红陶。长 37 厘米，宽 23 厘米，厚 1.8 厘米。干窑镇出（见图 111）。

　　此平瓦片状，长方形，平面带沟槽，用于覆盖屋面。烧制时封窑未加水，窑内呈氧化气氛，呈红色。由陶新砖瓦厂烧制，陶新砖瓦厂即陶新机制平瓦厂，旧址位于干窑镇西南观音堂西，今三仙路南侧，南临凤桐港。据1995年版《嘉善县志》记载："民国7年（1918），干窑商人潘啸湖等人用机器仿制'洋瓦'成功，筹集股本2万元，创建陶新机制平瓦厂，投产后获利颇丰。"[1]其生产的第一张平瓦现被认定为我国国产的第一张机制平瓦。

此件平瓦印有"农商部注册陶新砖瓦厂"字样，中英文对照。右侧印有"双马牌"商标。是陶新砖瓦厂建厂初期产品，是国产第一批平瓦之一，非常珍贵。拾遗阁藏。

图111 民国时期"陶新砖瓦厂"产机制平瓦（拾遗阁摄）。

---

1 嘉善县志编纂委员会编《嘉善县志》，上海三联书店，1995，第1159页。

民国时期"泰山公司"产机制平瓦 泥质灰陶。长35厘米，宽23厘米，厚1.6厘米。干窑镇出（见图112）。

此平瓦片状，长方形，平面带沟槽，用于覆盖屋面。由"泰山公司"烧制。泰山公司，即"泰山砖瓦股份有限公司"的简称。创办于民国10年（1921），创办者戴耀。厂部设于干窑镇北市澜翠桥西北角小浜，今干窑镇南宙村小浜。民国9年（1920），戴耀看到陶新机制平瓦厂仿制平瓦成功，推动民族工业的发展，于是呼吁联络乡绅柳左卿等有识之士，与上海黄首民等，集资一万元筹建泰山砖瓦股份有限公司，生产机制平瓦。据《20世纪初期民族工业遗址》记载：民国11年（1922），泰山砖瓦股份有限公司派总工程师柳子贤（柳佐卿之子）赴美，购得进口压瓦机等整套机制砖瓦设备和窑炉图纸等技术资料，大幅提升了原有传统烧制技术。

此件平瓦印有"泰山公司"字样，中英文对照。左侧印有商标，是泰山公司建厂初期产品，见证嘉善民族工业发展。此瓦仅存数枚，非常珍贵。拾遗阁藏。

图112 民国时期"泰山公司"产机制平瓦（拾遗阁摄）。

民国时期"华新"产机制平瓦 泥质灰陶。长 35 厘米，宽 23 厘米，厚 1.6 厘米。干窑镇出（见图 113）。

此平瓦片状，长方形，平面带沟槽，用于覆盖屋面。由华新机制瓦厂烧制。华新机制瓦厂，创办于民国初期，生产机制平瓦。据《嘉善县志》记载，其平瓦质量"可与洋货相伯仲"。[1] 上海奉贤设有分厂。此件印有"华新"字样，中英文对照。是见证华新机制瓦厂发展的实物。郁建强藏。

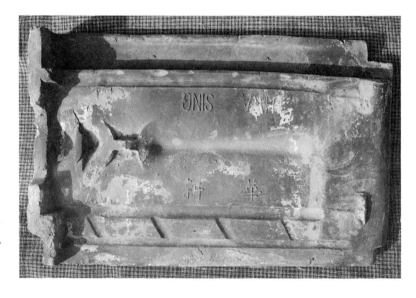

图 113 民国时期"华新"产机制平瓦（拾遗阁摄）。

---

1 嘉善县志编纂委员会编《嘉善县志》，上海三联书店，1995，第 1159 页。

民国时期"民强砖瓦厂"产机制平瓦 泥质灰陶。长38厘米，宽24厘米，厚1.8厘米。干窑镇出（见图114）。

此平瓦片状，长方形，平面带沟槽，用于覆盖屋面。由民强砖瓦厂烧制。民国时期，孙中山提倡"三民主义"，以实现国富民强、天下为公的大同社会为目标，也成为这一时期民族工业发展的方向。民强砖瓦厂适应时代发展，在干窑应运而生。此件印有"民强砖瓦厂"字样，中英文对照。右侧印有商标，图案为一只竖起大拇指的手，象征民族工业自信与质量"首屈一指"，是见证民强砖瓦厂发展的实物。郁建强藏。

图114 民国时期"民强砖瓦厂"产机制平瓦（拾遗阁摄）。

民国时期"大山平瓦厂"产机制平瓦　泥质灰陶。长34厘米，宽24厘米，厚1.8厘米。干窑镇出（见图115）。

此平瓦片状，长方形，平面带沟槽，用于覆盖屋面。由大山平瓦厂烧制。大山平瓦厂，注册地址干窑镇新华村。民国29年（1940）8月张春森与人合伙创办。[1]抗战时期，日军入侵嘉善，干窑窑业受到重创，生存艰难。此为干窑该时期为数不多勉强维持的砖瓦厂之一。此件印有"大山平瓦厂"字样，右侧印有"山"字商标，是抗战时期干窑窑业的见证物，存世极少。郁建强藏。

图115　民国时期"大山平瓦厂"产机制平瓦（拾遗阁摄）。

1　《干窑镇志》编纂委员会编《干窑镇志》，中华书局，2015，第226页。

民国时期"兴业"产机制平瓦　泥质灰陶。长37厘米，宽24厘米，厚1.8厘米。干窑镇出（见图116）。

此平瓦片状，长方形，平面带沟槽，用于覆盖屋面。由兴业砖瓦股份有限公司烧制。该公司创办于民国37年（1948）6月，由县窑业公会理事长许甸原等人发起成立，规模宏大，共设四个分厂：一厂设天凝官溇、二厂设洪溪、三厂设下甸庙、四厂设干窑，总公司设县城东门大街384号。上海办事处设中正路（今延安东路）39号。以生产机制平瓦为主，兼产青砖、小瓦等。

此件是见证"兴业"公司发展的实物。"兴业"公司在新中国成立后撤销，存在时间极短。同类平瓦目前仅发现1件，弥足珍贵。郁建强藏。

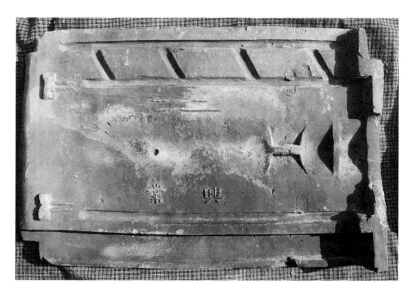

图116　民国时期"兴业"产机制平瓦（拾遗阁摄）。

"永和厂"产机制平瓦　泥质灰陶。长 37 厘米, 宽 25 厘米, 厚 1.8 厘米。干窑镇出 (见图 117)。

此平瓦片状, 长方形, 平面带沟槽, 用于覆盖屋面。由永和窑厂烧制。永和窑厂, 注册地址干窑镇建设街。1951 年 3 月由金文焕与人合资创办。[1]主要生产机制平瓦。新中国成立前, 干窑窑业凋敝。1950 年起, 人民政府扶持私营企业, 使干窑窑业迅速恢复。永和窑厂在此背景下诞生。

此件印有"永和厂"字样, 上部印有三五牌商标, 是新中国成立初期干窑窑业的见证物。郁建强藏。

图 117 "永和厂"产机制平瓦(拾遗阁摄)。

1 《干窑镇志》编纂委员会编《干窑镇志》, 中华书局, 2015, 第 226 页。

大利洽窑厂产机制平瓦　泥质灰陶。长 38 厘米，宽 24 厘米，厚 1.6 厘米。干窑镇出（见图 118）。

此平瓦片状，长方形，平面带沟槽，用于覆盖屋面。由大利洽窑厂烧制。大利洽窑厂，注册地址在干窑镇新华村。1952 年 3 月由姚吾存与人合资创办。[1] 主要生产机制平瓦。新中国成立前，干窑窑业凋敝。1950 年起，人民政府扶持私营企业，使干窑窑业迅速恢复。大利洽窑厂就是在此背景下诞生的窑厂。

此件印有"大利洽窑厂（1）"字样，右侧印有地球图案商标，是新中国成立初期干窑窑业的见证物，存世极少。郁建强藏。

图 118　大利洽窑厂产机制平瓦（拾遗阁摄）。

1　《干窑镇志》编纂委员会编《干窑镇志》，中华书局，2015，第 227 页。

浙江省建筑公司产机制平瓦　泥质灰陶。长37厘米，宽24厘米，厚1.6厘米。干窑镇出（见图119）。

此平瓦片状，长方形，平面带沟槽，用于覆盖屋面。由浙江省建筑公司砖瓦厂烧制。浙江省建筑公司，厂址在干窑镇小窑街1号。1950年4月浙江省建筑公司租赁干窑镇黎明村窑墩开办浙江省建筑公司砖瓦厂。此件印有"浙江省建筑公司出品"字样，是新中国成立初期干窑窑业的见证物。郁建强藏。

图119　浙江省建筑公司产机制平瓦（拾遗阁摄）。

地方国营浙江砖瓦一厂产机制平瓦　泥质灰陶。长38厘米，宽24厘米，厚1.8厘米。干窑镇出（见图120）。

此平瓦片状，长方形，平面带沟槽，用于覆盖屋面。由地方国营浙江砖瓦一厂烧制。地方国营浙江砖瓦一厂，创办于1950年4月，厂址干窑镇小窑街1号。1950年4月浙江省建筑公司租赁干窑镇黎明村窑墩开办浙江省建筑公司砖瓦厂，和浙江省工业厅手工业改进所嘉善办事处创办的干窑实验工场共同组建。1952年3月，经浙江省人民政府批准，浙赣砖瓦厂、公营新民砖瓦厂、地方国营杭州砖瓦厂、县大队独立营砖瓦厂等6家公营砖瓦厂相继并入，先后更名为"浙江省砖瓦一厂""地方国营浙江砖瓦一厂"，直属浙江省工业厅领导，成为全省最大的砖瓦生产企业。浙江省砖瓦一厂生产的砖瓦也是新中国成立初期的重要建设物资之一，平瓦远销北京、齐齐哈尔、西安、宝鸡、福州、南宁以及沪杭宁地区。[1]

此件印有"地方国营浙江砖瓦一厂"字样，是新中国成立初期干窑窑业的见证物。郁建强藏。

图 120　地方国营浙江砖瓦一厂产机制平瓦（拾遗阁摄）。

1　嘉善县经济和信息化局、嘉善县档案馆编《嘉善县工业图鉴》，嘉兴吴越电子音像出版有限公司，2021，第44页。

干窑筷笼鉴赏

干窑是著名的窑乡，干窑工匠勤劳智慧，富有创新意识。在生产砖瓦之余，也开发出许多陶制日常生活用品，如筷笼、香炉、烛台、镇纸，以及各类盆、槽等。其中的筷笼，图案丰富，制作精美，成为干窑窑业中的奇葩。

　　在我国，筷子的发明，成为华夏饮食文化的标志之一。筷子在先秦时代称"梜"，汉代称"箸"，明代称"筷"。插放筷子的器具称筷笼。筷笼何时出现，已不可考。筷笼材质多样，有竹、木、瓷及后来的塑料等，但在窑乡干窑辖内却出现大量干窑工匠烧制的陶质筷笼。

　　筷笼，一般都挂在墙上或碗橱上。其正面呈等腰梯形，外侧镂空，饰各种图案。靠墙一侧高出正面，有孔，用以悬挂。干窑工匠生产的陶质筷笼，笼中间有隔断，正面镂空，可以通风。因筷笼为陶质，筷子上的水滴能被陶吸收并挥发，从而不易发霉。正因陶质筷笼有以上优势，深受当地百姓喜爱，成为居家必备用具。

　　筷笼除具有以上实用功能外，往往在正面饰以各类图案，既美观又寓意吉祥，表达百姓对美好生活的向往之情。干窑烧制的陶质筷笼，数量之多，镂刻图案之丰富，为他处所不及，成为一大特色，也是筷笼鉴赏的重点。

　　筷笼收藏，是民俗收藏的一部分，反映了窑乡百姓淳朴的民风、精湛的制作技艺。干窑筷笼收藏，源于窑文化推动者董纪法先生。董先生数十年来，以收藏干窑各类窑业制品为己任，其中的一个门类筷笼收藏已形成规模。笔者通过对筷笼的鉴赏，试着解读筷笼的文化特征，使干窑烧制的筷笼以民俗身份进入艺术殿堂，为更多人所了解、喜爱，进而以筷笼为素材，创作出更多的文化艺术作品、百姓生活用品，弘扬传统文化、服务新时代。

清代"吉庆有余"纹筷笼 泥质灰陶。宽 15 厘米，高 18 厘米，厚 7 厘米。干窑镇出（见图 121）。

此筷笼器型规整，正面由双线条勾勒出边框。框内镂空，由下而上刻有中国结、双鱼、磬等图案。图案左右对称，线条朴拙，具有典型民俗艺术特征。中国结是一种手工编织工艺品，外观对称精致，可以代表汉族悠久的历史，符合中国传统装饰的习俗和审美，代表着团结幸福平安。特别在民间，它精致的做工深受大众喜爱。磬，是古代击乐器，用石或玉制成，形如曲尺，悬于架上，用木槌能击奏出美妙的音乐。"结""磬""鱼"谐音"吉""庆""鱼"，在中国民俗文化中有"吉庆有余"之意，是中国传统吉祥纹样之一。寓意吉祥。

此件"吉庆有余"纹筷笼，其纹饰在干窑筷笼中比较少见。董纪法旧藏。

图 121 清代"吉庆有余"纹筷笼（江春辉摄）。

清代"福在眼前"纹筷笼　泥质灰陶。宽16厘米，高18厘米，厚7厘米。干窑镇出（见图122）。

此筷笼器型规整，正面由双线条勾勒出边框。框内镂空，自下而上刻有叶纹、双钱、蝙蝠等。蝙蝠，在中国传统文化中是"福"的象征；"钱"，谐音"前"。钱在蝙蝠前面，寓意"福在眼前"，是百姓对美好生活的向往与祝福，表示福即在眼前。也是一种常见的传统吉祥图案。

此件"福在眼前"纹筷笼，布局合理，线条与块面相协调。蝙蝠目光炯炯，双眼紧盯双钱，在干窑烧制的筷笼中较为少见。董纪法旧藏。

图122　清代"福在眼前"纹筷笼（江春辉摄）。

清代"香火万年"纹筷笼　泥质灰陶。宽 15 厘米，高 18 厘米，厚 7 厘米。干窑镇出（见图 123）。

此筷笼器型规整，正面由双线条勾勒出边框。框内镂空，刻有一双耳香炉，双耳各刻有"卍"字纹。香炉中插万年青 1 棵，左右各 2 片叶，中间花 2 串。香炉中插万年青，寓意"香火万年"。香炉双耳刻"卍"字，也代表万年之意。我国古代以"不孝有三，无后为大"为古训，崇尚多子多福，香火旺盛。在筷笼上刻此图案，也是对家族兴旺、绵延万年的美好期待。

此件"香火万年"纹筷笼，构思精巧，寓意吉祥。线条粗犷，富有张力。其图案在同类题材中较为少见。董纪法旧藏。

图 123　清代"香火万年"纹筷笼（江春辉摄）。

清代"如松之茂"纹筷笼　泥质灰陶。宽16厘米，高19厘米，厚6.8厘米。干窑镇出（见图124）。

此筷笼器型规整，正面由单线条勾勒出边框，中间分隔成4部分，每部分手工镂空刻1字，组成"如松之茂"4字。如松之茂，是我国传统吉祥用语，意为松树枝繁叶茂，经冬不凋。刻于筷笼上，比喻家族兴旺人长寿。

此件"如松之茂"纹筷笼，行楷。书法流畅，手工雕刻而成，以小见大，颇有气势。历经岁月，已有斑驳沧桑之感。其主题纹饰在同类筷笼中较为少见。董纪法旧藏。

图124　清代"如松之茂"纹筷笼（江春辉摄）。

清代"状元及第"纹筷笼　泥质灰陶。宽 15 厘米，高 18 厘米，厚 7 厘米。干窑镇出（见图 125）。

此筷笼器型较规整，正面由双线条勾勒出边框，因压印用力不匀，左侧边框线未见。框内分隔成 4 部分，每部分手工镂空刻 1 字，组成"状元及第"4 字。古人对学而优则仕的观念根深蒂固，通过科举可以改变人生，进而实现人生抱负。而状元，是科举考试的顶峰，每位举子梦寐以求，故有"天上麒麟子，人间状元郎"之誉。及第，科举考试列榜有甲乙次第，凡考中状元，都称状元及第。状元及第是中国传统寓意纹样。

此件"状元及第"纹筷笼，行楷，书法稚朴，手工雕刻而成。右边保存较好，左侧有损。此类主题在干窑筷笼中较多出现。拾遗阁藏。

图 125　清代"状元及第"纹筷笼（拾遗阁摄）。

161

清代"平升三级寿万年"纹筷笼　泥质灰陶。宽16厘米，高18厘米，厚7厘米。干窑镇出（见图126）。

此筷笼器型较规整，正面由双线条勾勒出边框。框内镂空，中间花瓶饰有"寿"字，花瓶两侧万年青叶穿插而过。瓶内插有三把古代兵器戟。寿与万年青叶寓意"寿万年"；三戟，谐音"三级"，"瓶"谐音"平"，花瓶内插三戟，寓意"平升三级"。古代官吏的品级，自魏晋以来，共分九品。平升三级，是说一个人官运亨通，连升三级，与"寿万年"组成"平升三级寿万年"图案。寓意吉祥，表达百姓对美好生活的向往之情。

此"平升三级寿万年"纹筷笼，构思精巧，左右对称，极具美感。"平升三级"与"寿万年"两个主题同时出现一个画面，在干窑筷笼中极为少见。董纪法旧藏。

图126　清代"平升三级寿万年"纹筷笼（江春辉摄）。

民国时期"世界革命成功"纹筷笼　泥质灰陶。宽 16 厘米，高 19 厘米，厚 7 厘米。干窑镇出（见图 127）。

此筷笼器型规整，正面由单线条勾勒出边框。框内镂空。中间饰孙中山领导时期的中华民国国旗和国民党党旗。上下模印 6 圆形，各印 1 字，组成"世界革命成功"6 字。是孙中山早期"联俄联共，扶助农工"三大政策及其革命思想在民俗物件上的体现。

此件"世界革命成功"纹筷笼，左右对称。先将文字、图案分别雕版制模，模印后放入框内，经手工修饰后入窑烧制，工艺较为复杂。此件图案清晰，比例适中，是干窑筷笼中少见之品。拾遗阁藏。

图 127　民国时期"世界革命成功"纹筷笼（拾遗阁摄）。

民国时期"美好多福"纹筷笼　泥质灰陶。宽16厘米，高18厘米，厚6.8厘米。干窑镇出（见图128）。

此筷笼器型较规整，正面由单线条勾勒出边框。框内镂空。中间饰"福"字，周围4朵梅花。梅花寓意美好。与"福"字组成"美好多福"图案，是我国传统吉祥纹饰。

此件"美好多福"纹筷笼，刻印精美，纹饰表面曾涂红色。当时作为婚嫁用品，祝福新婚夫妇幸福美满。能保存至今，非常难得。董纪法旧藏。

图128　民国时期"美好多福"纹筷笼（江春辉摄）。

民国时期"中国结"纹筷笼　泥质灰陶。宽16厘米，高17厘米，厚6.8厘米。干窑镇出（见图129）。

此筷笼器型规整，正面由双线条勾勒出边框。框内镂空，饰"中国结"图案。中国结是一种手工编织工艺品，外观对称精致，符合中国传统装饰习俗和审美观念，代表着团结、幸福、平安，深受大众喜爱。

此件"中国结"纹筷笼，体现干窑百姓对美好生活的向往。拾遗阁藏。

图129　民国时期"中国结"纹筷笼（拾遗阁摄）。

民国时期"裕中厂"筷笼　泥质红陶。宽33厘米，高20厘米，厚8厘米。干窑镇出（见图130）。

此件筷笼器型规整。整体分为3部分。左右各1筷筒，中间筷笼正面刻"裕中厂"3字，是烧制筷笼的厂家。四周有边框，饰乳钉纹。

此"裕中厂"筷笼，尺寸较大，红陶。裕中厂，为干窑窑厂名，创建于民国时期。在干窑烧制筷笼中，印有窑厂名的极少。应该是该厂赠送客户或做推广之用。董纪法旧藏。

图130　民国时期"裕中厂"筷笼（江春辉摄）。

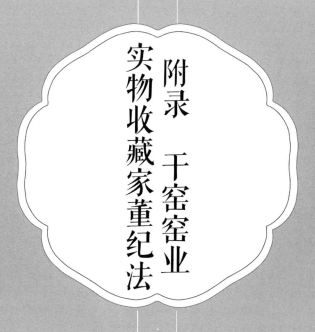

附录 干窑窑业

实物收藏家董纪法

董纪法（1948.6.28~2020.11.11），干窑镇干窑村人，是干窑窑业实物收藏家，嘉善窑文化推动者。生前曾任嘉善县地方档案史料收藏研究会会长、名誉会长、嘉善县收藏协会副会长、干窑村乡贤参事会会长，被聘为嘉善县业余文保员、嘉善县非物质文化遗产志愿者、干窑镇文化志愿者等。荣获"嘉善县道德模范"等称号。

图 131　董纪法像（王振宇摄于 2019 年）。

与窑业实物结缘

董纪法先生与窑业实物结缘始于童年。为生活所迫，董纪法五六岁时就去窑墩捡煤渣讨生活。那时，窑墩周边纹饰丰富的瓦当，在董纪法心中留下了不可磨灭的印记。

28岁那年，董纪法在朋友家看到一件精美的龙纹瓦当，爱不释手，从朋友处讨来后，便萌发了收藏砖瓦的念头，开启了窑业实物收藏之路。

窑业实物收藏

干窑窑业实物收藏，以前无人涉及，董纪法走出了第一步，成为干窑窑业实物收藏的先驱。自那以后，只要得知周边有老房拆除、古宅改建，他都会骑自行车前往，一件件窑业实物，经他的手从残破不堪的古建筑上抢救下来，得以妥善保护。日积月累，几十年间，董纪法收藏的窑业实物达3000多件，品种丰富，有瓦当、京砖、砖雕、城墙砖、筷笼、窑神、窑业工具等，琳琅满目，其中很多是孤品。

图132 董纪法考察窑墩（王振宇摄于2011年）。

关于董纪法收藏窑业实物的事迹更是数不胜数。蒋国强《一砖一瓦总关情》中写道："一次，听说有个百年老屋刚拆，得到消息已是半夜，他不假思索地骑上自行车就赶去现场。打着手电，在一堆堆瓦砾丛中寻寻觅觅，脚趾头被划破了，他也毫不顾惜；踩在自行车上，他努力想去够一堵危墙上的一片'双龙抢珠'瓦当，谁知身体突然失去平衡，狠狠往后摔去，后脑着地，当场便昏了过去。直到天蒙蒙亮，在破砖堆上躺了一晚的董老师才悠悠醒转，长出一口气来，胸口一松转动视线，只见手中仍紧紧抓着那片瓦当，竟然还下意识地护在胸前，他觉得只要瓦当完好无损比什么都重要。"

2002 年夏天，董纪法透过门缝发现一户村民家的院子里有两片别致的瓦当，敲了很长时间门也没人应门。此后又去了多次，一直没人。邻居告诉他主人一家外出打工，春节会回家。

图 133　董纪法采集瓦当中（王振宇摄于 2019 年）。

大年初一早晨，董纪法赶去求购瓦片，令主人一家感动不已，当即送给了他。董纪法骑自行车带着两片瓦当回家，在回来的路上自行车链条断了，董纪法只得左手小心地抱着两片瓦，右手辛苦地推着车走了6里多路，大冷天走出了一身汗。

对窑业实物的收藏，成为董纪法生活中最重要的部分。家里天井、客厅、车库等，堆满窑业实物。有时想找件藏品，往往翻了几个月也没找到。对着近40年辛苦收藏的宝贝，董纪法很无奈。每件藏品背后，都有一段故事，和藏品一样令他难以割舍。也有很多慕名而来的砖瓦收藏者，想从他手上购买。每到这个时候，他很犹豫，只能将一些普通的藏品赠送对方，而对于那些珍贵的藏品，他是绝对不会转让的。2020年夏，董纪法被检查出胰腺癌晚期，即便如此，他仍坚持不断购入喜欢的砖瓦。那份对嘉善窑文化的痴情，令人感动。

图134 董纪法在欣赏瓦当（王振宇摄于2011年）。

窑业实物展示

随着政府对传统文化保护的日益重视，董纪法收藏的窑业实物渐渐有了用武之地。1999 年 4 月，西塘镇举办第二届旅游节，作为嘉善窑业实物收藏者，董纪法将多年来收藏的瓦当、砖雕、金（京）砖等大量藏品集中到西塘西街"江之永异"墙门老宅内，开设"江南瓦当陈列馆"，以保护、传承干窑瓦当文化，成为西塘古镇的一个特色专题博物馆。江南瓦当陈列馆自开馆以来，接受过全国数十家媒体采访。1998 年 6 月，中央四套《华夏精英》、1999 年 3 月杭州电视台《水乡西塘》、1999 年 4 月中央四套《神州一叶》、2004 年 3 月《中国青年报》等先后刊登了有关江南瓦当博物馆的报道。如今，江南瓦当陈列馆已成为干窑中学爱国主义教育基地。

2009 年 7 月，在干窑镇政府支持下，干窑镇文化中心"江南窑文化博物馆"建成开放，室内有 4 个展区，展示董纪法收藏历代窑业实物 300 余件，该馆先后被列为嘉兴市和浙江省爱国主义教育基地。

2019 年 6 月 28 日，嘉善县博物馆新馆落成，开设"不熄的窑火——嘉善砖瓦窑文化"展厅，全面展示嘉善砖瓦窑业的发展历程，为充实展陈内容，董纪法拿出一批窑业实物精品陈列于展厅内。

董纪法除了利用藏品布置以窑文化为主题的展馆外，还举办个人藏品展，积极宣传嘉善窑文化。2007年6月9日是我国第二个文化遗产日，以董纪法个人收藏为主题的"当代金砖展"在嘉兴市群艺馆展出。展品年代以明、清为主，展出各类京砖近60件。省、市、县各大媒体相继报道。

2020年10月2日，"四十载守护三千窑瓦承匠心——董纪法先生个人收藏展"在嘉善大云云澜湾举办，展出砖雕、瓦当、京砖等窑业实物精品200多件。带病出席开幕式的董纪法向来宾介绍道："每一片瓦，每一块砖，都有一个故事。砖瓦承载的是历史，叙述的是百姓故事。这些砖瓦，在别人眼中是瓦当，但在我眼里就是玉，嘉善的玉。蕴含着前人的匠心，一旦消逝，再也难觅。保护传承地方文化，这根就不能断……"令在场者动容。1个多月后的11月11日，干窑窑业实物收藏家、嘉善窑文化推动者董纪法先生去世，享年73岁。

2021年12月17日，"一人一事一生——窑文化守望者董纪法先生纪念展"在嘉善县博物馆开展，展出董纪法先生收藏窑业实物近百件，其中包括京砖、瓦当、砖雕等。

图 135　2020 年 10 月 14 日"四十载守护三千窑瓦承匠心——董纪法先生个人收藏展"现场，董纪法与金身强聊窑文化。

图 136　董纪法与金身强合影。

窑
火
凝
珍

干
窑
窑
业
精
品
鉴
赏

后　记

———————————●———————————

　　江南水乡，孕育着无数古镇。青砖黛瓦，雕梁画栋，凝聚成水乡人挥之不去的乡愁。古镇人家建筑上的砖瓦构件，许多来自干窑。

　　干窑，历史上是著名的窑乡，其窑业产品丰富，数百年来形成了颇具区域特色的瓦当文化、京砖文化和铭文砖文化。对窑业精品的鉴赏，有助于挖掘、传承、弘扬干窑窑文化。正因如此，在干窑镇政府的大力支持下，嘉善首部干窑窑业精品鉴赏专著得以顺利出版。

　　出于对干窑窑文化的关注与热爱，多年以来，笔者走遍干窑每一个乡村，寻访古窑址、老建筑，采访老窑工，收集到干窑窑业第一手资料。本书编写过程中，笔者查阅大量资料，力求资料来源可靠、内容翔实。其间，得到嘉善县档案馆、嘉善县图书馆、嘉善县博物馆等单位的大力支持。

　　干窑窑业产品丰富，本书从数千件藏品中遴选具有代表性的精品，将之分为瓦当、京砖、铭文砖、砖雕、平瓦、筷笼等6部分，对其图案、文字等进行解读，力求真实还原其历史背景，判定其社会价值和艺术价值。因限于篇幅，其他窑业产品如各类窑神、香炉、瓦盆、哺鸡等，均未收录书中，多少有些遗憾。

在本书撰写过程中，国内著名古砖收藏家朱明歧先生，嘉兴资深收藏家俞星伟先生、蒋国强先生给予了许多学术性建议；董纪法先生遗孀程文娟女士、女儿董晓晔女士为本书提供了窑业精品实物；干窑沈步云、沈刚、郁建强、费建坤及天凝许金海等为本书提供了许多有价值的信息；正大标识设计有限公司江春辉、杭斌军冒着酷暑拍摄了窑业精品；另外，本书所有拓片均由金莹女史制作，在此一并感谢。

由于笔者水平有限，勉力完成，悖误之处在所难免，敬请各位专家学者不吝赐教为幸。

壬寅秋仲金身强写于拾遗阁南窗

图书在版编目 (CIP) 数据

干窑窑业精品鉴赏 / 金身强著. -- 北京：社会科
学文献出版社, 2023.3
（窑火凝珍 / 刘耿, 董晓晔主编；4）
ISBN 978-7-5228-1481-0

Ⅰ.①干… Ⅱ.①金… Ⅲ.①古瓦-鉴赏-中国②古
砖-鉴赏-中国 Ⅳ.①K876.3

中国国家版本馆CIP数据核字（2023）第033004号

窑火凝珍
干窑窑业精品鉴赏

主　　编 / 刘　耿　董晓晔
著　　者 / 金身强

出 版 人 / 王利民
组稿编辑 / 邓泳红
责任编辑 / 王京美　吴　敏

出　　版 / 社会科学文献出版社
　　　　　地址：北京市北三环中路甲29号院华龙大厦　邮编：100029
　　　　　网址：www.ssap.com.cn
发　　行 / 社会科学文献出版社（010）59367028
印　　装 / 三河市东方印刷有限公司

规　　格 / 开　本：787mm×1092mm　1/16
　　　　　印　张：12.25　字　数：130千字
版　　次 / 2023年3月第1版　2023年3月第1次印刷
书　　号 / ISBN 978-7-5228-1481-0
定　　价 / 268.00元（全七册）

读者服务电话：4008918866